KATHARINA ADAMS

Beeren & Obst im Garten

PFLANZEN | PFLEGEN | ERNTEN

scannen & erleben

KOSMOS

INHALT

DIE WEGWEISER FÜR DEN OBSTANBAU

alles im Überblick

Am Anfang des Kapitels finden Sie das Wichtigste auf einen Blick. Seitenverweise führen Sie gezielt zu den ausführlichen Informationen.

alles Wissenswerte

Abgeschlossene Doppelseiten bieten weiterführende Informationen zu den Themen. Entweder lesen Sie von hier aus weiter oder Sie gehen zurück zur Übersichtsseite, um das nächste Thema auszuwählen.

alle Extras

Das könnte Sie auch noch interessieren, denn hier finden Sie Themen, die über das Wesentliche hinausgehen. Diese Seiten sind kein Muss, machen aber neugierig und Lust auf mehr.

SCANNEN UND ERLEBEN

QR-Codes im Buch scannen: Der schnelle Zugang zu weiteren Infos rund um Ihre Pflanzen. Mit diesem Code oder unter www.m.kosmos.de/15065/t1 gelangen Sie zur Übersicht der QR-Codes. Wir empfehlen Ihnen, eine WLAN-Verbindung zu nutzen, um lange Ladezeiten zu vermeiden.

GESTALTUNG

PRAXIS

alles im Überblick

alles Wissenswerte

alle Extras

PORTRÄTS

alles im Überblick

alles Wissenswerte

alle Extras

appetitlich & originell

GESTALTUNG

FRUCHTIGE IDEEN

S. 8

Für jeden etwas

Vom harten Wildapfel zum aromatischen Tafelapfel; vom Waldbrombeerstrauch zur modernen Sorte ohne Stacheln – durch gezielte Züchtung steht uns eine große Vielfalt zur Verfügung.

S. 10

Auf Balkon & Terrasse

Schwach wachsende Obstbäume, Säulenobst und viele Beerensträucher wachsen problemlos auf Balkon & Terrasse. Und am Spalier machen sich Apfel, Birne und Co. ganz schlank.

S. 12

Spalier

WIR ZEIGEN IHNEN DIE RICHTIGEN SCHNITTMASSNAHMEN FÜR EINE REICHE ERNTE.

S. 14

In Töpfen & Kübeln

Wer nur wenig Platz zur Verfügung hat, kann auf die neuen Mini-Obstbäume zurückgreifen. Geschmacklich brauchen sich diese Sorten nicht hinter den großen zu verstecken. Und Erdbeeren gedeihen in jedem Balkonkasten!

S. 16

Im Garten gestalten

Wohin mit Obstbäumen und Beerensträuchern im Garten? Mit etwas Planung finden sie in vielen Gartenbereichen einen Platz. Dabei sind sie nicht nur nützlich, sondern meist auch sehr dekorativ. Selbst in einer Hecke lassen sich Sträucher mit leckeren Beerenfrüchten unterbringen.

S. 18

Unterbringungs-möglichkeiten

Stachelbeer-Hochstämmchen im Sommerblumenbeet? Ein Apfelspalier als Sichtschutz an der Terrasse? Weintrauben an der Hauswand? Die Möglichkeiten, Obstgehölze auf dem Grundstück unterzubringen, sind vielfältiger als man denkt. Sie können auch so manches Ziergehölz durch einen Obstbaum ersetzen, denn Sauerkirschen blühen genauso schön wie Zierkirschen! Und kletterndes Obst erobert mit Leichtigkeit die dritte Ebene im Garten, Erntesegen inbegriffen. Wir zeigen Ihnen auch anhand eines typischen Hausgartens, welche Standorte Sie nutzen können, um von der ungeheuren Vielfalt an leckerem Obst zu profitieren.

LECKERE FRÜCHTE
Für jeden Garten

DER ANBAU VON OBST IM EIGENEN GARTEN ist seit einigen Jahren wieder in Mode gekommen. Warum? Ganz einfach, weil wir nur so die ganze Geschmacksvielfalt erleben können, die die unterschiedlichen Sorten von Äpfeln und Birnen, Johannisbeeren, Erdbeeren und all den anderen Obst- und Beerenarten bieten. Von den Vorzügen der auf den Punkt reifen Früchte, die frisch vom Baum oder vom Strauch noch kein Gramm ihrer wertvollen Inhaltsstoffe verloren haben, ganz zu schweigen.

Lieber regional

Die meisten Geschäfte bieten nur eine kleine Auswahl an Standardsorten, die meist mehr nach dem Aussehen als nach Geschmackskriterien ausgewählt werden. Im Winter und Frühling aus Übersee oder aus riesigen Kühlhäusern, makellos, mit glänzender Schale und schön gefärbt, hält das Aroma meist nicht, was die Optik verspricht. Auf Wochenmärkten ist die Auswahl schon größer und, ganz wichtig, meist auch regional. Wer Glück hat, bekommt hier auch Obst von alten Sorten von heimischen Streuobstwiesen. Oder ein Schälchen Himbeeren zur Erntezeit, das den Transport hoffentlich gut überstanden hat.

Ein Spalier an der Wand braucht nur wenig Platz, und viele Obstsorten gedeihen hier besonders gut.

Brombeeren sind die idealen Naschfrüchte, denn sie reifen kontinuierlich viele Wochen hindurch.

Mehr Frucht statt Zierde

Im eigenen Garten lassen sich aber häufig noch mehr Köstlichkeiten anpflanzen, zumal viele Obstgehölze nicht nur wohlschmeckend, sondern auch dekorativ sind und schöne Blüten haben. Die verschiedenen Zierkirschen in allen Ehren, aber ein Süßkirschenbaum blüht im Frühjahr genauso eindrucksvoll. Eine Brombeerpflanze ziert das Spalier fast so schön wie eine Kletterrose, und zahlreiche Wildobstarten entwickeln sich in einer gemischten Blütenhecke mehr als beeindruckend.

Die Ursprünge

Viele unserer heute angebauten Obstarten sind heimische Gehölze, deren Früchte durch intensive, jahrhundertelange Züchtungsarbeit größer und wohlschmeckender geworden sind. Die Urform der Süßkirschen ist beispielsweise die heimische Vogelkirsche, die häufig an sonnigen Waldrändern wächst und im Frühling durch ihre weißen Blütenwolken auffällt. Auch Brombeeren, Himbeeren und Johannisbeeren haben ihre Heimat unter anderem in Mitteleuropa; man begegnet ihnen bei Spaziergängen durch Feld und Wald häufiger. Aus den kleinfruchtigeren Wildformen entstand durch Einkreuzung von Arten – auch aus anderen Teilen der Erde – eine Vielzahl geschmacklich verbesserter und oft auch großfruchtigerer Sorten.

Äpfel aus Asien

Die Vorfahren unserer Äpfel stammen vor allem aus Zentralasien. Die meisten haben kleine, saure und holzige Früchte, die ziemlich ungenießbar sind und sich höchstens für die Herstellung von Hochprozentigem eignen. Schon in der Antike kamen aber die ersten Früchte von wohlschmeckenderen Auslesen durch Handelsbeziehungen nach Süd- und Osteuropa und wurden von den Griechen und Römern kultiviert. Mit den römischen Feldzügen gelangte der Apfel dann auch nach Mitteleuropa, wurde hier seitdem immer weiter züchterisch bearbeitet und ist heute auch wirtschaftlich die wichtigste Obstart. ■

Auch mit kleinen Bäumen ist eine reiche Apfelernte möglich. Setzen Sie auf Sortenvielfalt!

SPEZIELLES OBST FÜR *Balkon & Terrasse*

BEI DEM BEGRIFF OBSTBAUM denken die meisten Menschen nach wie vor an Streuobstwiesen mit ausladenden Apfelbäumen oder an den klassischen Obstbaum im Hausgarten. Solche Bäume sind für die heute üblichen Gartengrößen natürlich viel zu starkwüchsig. Doch die Züchter und Baumschulen haben sich darauf eingestellt, dass immer weniger Platz zur Verfügung steht. Sie haben sich in den letzten Jahren verstärkt kleinwüchsiger Sorten angenommen, sodass heute bereits viele interessante Sorten zur Verfügung stehen. Viele der modernen Züchtungen sind so schwachwüchsig, dass man sie sogar dauerhaft im Kübel kultivieren kann. Damit sind sie ideal für den Balkon oder die Terrasse.
Daneben bieten sich natürlich fast alle Beerenobstarten für die Kübelkultur an, von den Klassikern wie Stachel- und Johannisbeeren über eher seltener angepflanzte Blau- und Preiselbeeren, bis hin zu Exoten wie beispielsweise Andenbeeren, die nicht winterhart sind und daher jedes Jahr neu aus Saatgut herangezogen werden.

Hoch hinaus

Voraussetzung für die Kletterkünstler unter den Obstgehölzen ist eine geeignete Kletter- oder Rankhilfe, an der die Gewächse hinaufklettern

Zwergobst gibt es seit einigen Jahren in immer mehr Sorten. Es ist ideal für die Kübelkultur auch auf dem Balkon.

Auch das Balkongeländer kann kletterndem Obst als stabile Rankhilfe dienen.

Hängeerdbeeren präsentieren ihre leckeren Früchte über den Topfrand. Naschen erlaubt!

oder -ranken können, oder an die man die Pflanzen aufbindet. Das können an der Wand befestigte Spaliere aus Holz sein, Ranksysteme aus Metall, aber auch Seile, die einfach an der Wand entlanggeführt und verspannt werden. Freistehende Rankgerüste in Form einer Pergola oder eines Bogens eignen sich ebenfalls.

Weinreben

Aus dem Weinanbau ist der Weinstock bekannt, doch im Hausgartenbereich ist die Erziehung an Spalieren und Pergolen weit verbreitet. Als Naschobst pflanzt man auch keine Weintrauben, sondern sogenannte Tafeltrauben.
Auf alle Fälle brauchen Weinreben *(Vitis vinifera)* einen warmen und geschützten Platz.
Im Handel sind einige Sorten für den Hausgarten erhältlich, deren Trauben zeitig reifen und sehr wohlschmeckend sind. ■

RANKHILFE FÜR BROMBEERE Wie man mit Weidenruten eine Rankhilfe direkt im Pflanzkasten bauen kann, erfahren Sie hier oder unter www.m.kosmos.de/15065/tb2

Spalierobst MACHT SICH DÜNN

EINE ANDERE MÖGLICHKEIT, Obstbäume Platz sparend im Garten und natürlich auch auf dem Balkon unterzubringen, ist die Erziehung als Spalierbäumchen. Dazu werden jeweils nur Äste und Zweige, die in einer Ebene wachsen, an der Pflanze belassen, alle anderen werden komplett zurückgeschnitten. Auf diese Weise erhält man mehr oder weniger zweidimensionale Bäume, die aber in jedem Fall eine Stütze benötigen, beziehungsweise ein Drahtgestell, an dem die Zweige im gewünschten Winkel befestigt werden. Besonders dekorativ sehen Spalierbäumchen an Wänden aus.
Zudem haben Wände den Vorteil, dass sie als Wärmespeicher fungieren und auf diese Weise empfindliche Obstarten wie beispielsweise Pfirsiche genügend Wärme abbekommen, um auszureifen. Das funktioniert natürlich auch an der Rückwand eines sonnig gelegenen Balkons.

Viele Formen sind möglich

Während Aprikosen, Pfirsiche und Sauerkirschen einen fächerförmigen und lockeren Kronenaufbau benötigen, können Birnen und Äpfel ohne Probleme mithilfe von waagerechten Fruchtästen gezogen werden. Viele Baumschulen bieten junge Bäumchen an, die bereits in Spalierform herangezogen wurden. Sie können aber auch ein Spindelbäumchen oder einen Fußstamm kaufen und dieses selbst zurechtschneiden.

Hier ist eine ältere Spalierbirne zu sehen. Die Früchte hängen an den waagerechten Zweigen.

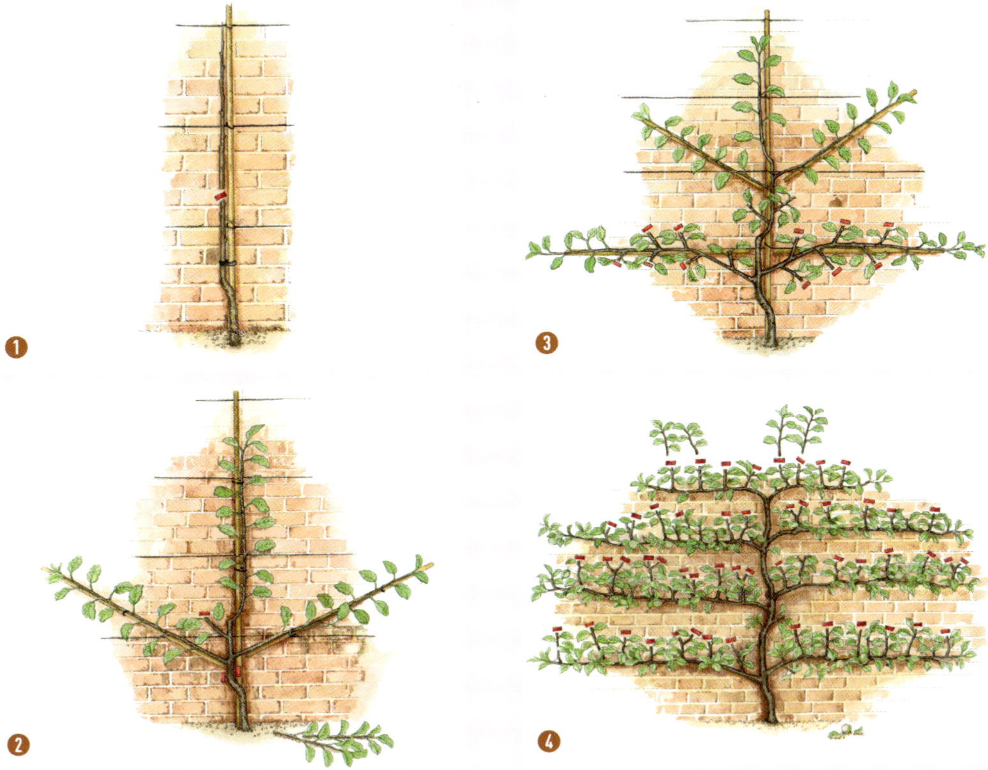

Um die Triebe des Bäumchens zu befestigen, verwenden Sie entweder Edelstahlseile oder ein Holzspalier. Wichtig ist, die Befestigung waagerecht und mit etwas Abstand von der Wand anzubringen, damit die Triebe stets gut von allen Seiten belüftet sind. ■

U-SPALIER SCHNEIDEN Wie Sie Ihren Obstbaum zur ungewöhnlichen Form eines U-Spalieres schneiden, erfahren Sie hier oder unter www.m.kosmos.de/15065/tb3

SO ENTSTEHT EIN SPALIERBAUM

1. **Verzweigung anregen: Im ersten Jahr den Jungtrieb kräftig zurückschneiden.**
2. **Etagen anlegen: Bleibende Triebe fächerförmig ableiten, die restlichen entfernen.**
3. **Fruchtholz erzeugen: Zweijährige Triebe waagerecht anbinden, das daraus wachsende Seitenholz einkürzen.**
4. **Erhaltungsschnitt durchführen: Bei Erreichen der endgültigen Höhe Leittrieb kappen, Seitenholz regelmäßig einkürzen.**

LECKERES OBST *Im Kübel*

ALLE OBSTGEHÖLZE, die aufgrund ihres natürlichen Wachstums oder der Unterlage, auf die sie veredelt wurden, nur zu kleinen Bäumchen oder Sträuchern heranwachsen, eignen sich grundsätzlich für eine Kultivierung im Kübel. Doch gerade solche Obst- und Beerensorten, die aus mediterranen Gebieten stammen oder die besondere Ansprüche an den Boden haben, gedeihen im Kübel oft besser als im Garten, denn sie lassen sich zum Beispiel im Winter an einen geschützten Platz bringen, an dem sie starken Frösten nicht ausgesetzt sind. Blaubeeren benötigen einen sauren, anmoorigen Boden, der in den meisten Gärten wohl nicht vorhanden ist. Im Kübel setzen Sie die Pflanzen einfach in ein entsprechendes Spezialsubstrat.

Klein aber oho

Als kleinformatige Bäume finden auch Klassiker wie Äpfel, Birnen, Kirschen, Zwetschgen und Pfirsiche Platz im Kübel auf Balkon und Terrasse. Dass kleine Bäume automatisch auch kleine Früchte tragen, stimmt allerdings nicht. Im Gegenteil, viele dieser Zwerg- und Minisorten punkten mit großen Früchten, die in Punkto Geschmack wirklich nicht hinter ihren „großen Brüdern" aus dem Garten zurückbleiben.

Sowohl Süß- als auch Sauerkirschen sind als kübeltaugliche Minibäumchen erhältlich.

Guter Ertrag

Für die Kübelkultur sind Niederstämmchen ideal. Der Stamm ist maximal 1 Meter hoch, sodass der ganze Baum nicht höher als 1,5 Meter wird. Bedingt durch die Unterlage wachsen die Bäumchen aber auch extrem langsam und erreichen ihre endgültige Höhe erst nach etlichen Jahren. Gerade bei Pfirsichen und Nektarinen gibt es echte Zwergbäumchen, die noch nach vielen Jahren nicht höher als einen Meter werden. Neben diesen klassischen Bäumchen, die eine richtige Krone aufbauen und daher eigentlich wie verkleinerte große Bäume aussehen, gibt es auch

Sorten, die säulenförmig wachsen. Das wiederum liegt nicht an der Unterlage, sondern an den speziellen Wuchseigenschaften der darauf veredelten Sorte.

Lust auf Erdbeeren

Auch in Balkonkästen und Blumenampeln wächst eine leckere Ernte heran. Erdbeeren benötigen nicht viel Platz, sodass in einem einzelnen Balkonkasten durchaus drei kräftige Pflanzen gedeihen können. Sie können schön früh im Jahr ausgepflanzt werden und schmücken den Balkon im Frühling mit ihren schönen Blüten. Für Blumenampeln, beziehungsweise Hanging Baskets, eignen sich besonders die sogenannten Hängeerdbeeren, deren lange Fruchttriebe dekorativ herabhängen können. Da alle Sorten dieser Gruppe dauertragend sind, haben Sie bis in den Spätsommer leckere Früchte. ■

Ein Etagentopf wurde hier mit Tomaten, Salat und Erdbeeren bepflanzt. Ein vielseitiger Genuss!

Das Bäumchen mag klein sein, die Pfirsiche haben aber eine normale Größe und schmecken genauso süß.

Gestaltung MIT WENIG PLATZBEDARF

DIE UNTERSCHIEDLICHEN OBST- UND BEERENARTEN lassen sich fast in jedem Bereich des Gartens einsetzen. Natürlich vor allem, um ihre Früchte ernten und genießen zu können. Daneben können Sie die Bäume und Sträucher aber auch ganz gezielt gestalterisch einsetzen und mit anderen Gartenpflanzen kombinieren.

Ein Apfelbaum als attraktiver Hausbaum.

Ein Hausbaum mit Nährwert

Zum Haus gehört ein Hausbaum, der heutzutage bei den kleinen Grundstücken natürlich keine Eiche oder Buche mehr sein kann, wie sie früher üblich waren. In Bayern sieht man auf dem Platz vor alten Bauernhöfen auch häufig einen riesigen alten Birnbaum. In verkleinerter Form sollte aber auch heute kein Hausbaum auf dem Grundstück fehlen und anstatt eines Kugelahorns oder der üblichen gefüllten rosa Zierkirsche könnte man doch ebenso gut einen Apfel- oder Kirschbaum pflanzen. Man muss nur darauf achten, eine robuste Sorte zu wählen, die auf einer maximal mittelstark wachsenden Unterlage veredelt wurde und die nicht als Hoch-, sondern als Halbstamm verkauft wird. In einer guten Baumschule werden Sie zuverlässig beraten, was für Ihre Platzverhältnisse geeignet ist.

Hochstämmchen

Mit Johannisbeer- und Stachelbeerhochstämmchen lassen sich auch sehr formale Gartenentwürfe verwirklichen, für die sonst meist Hochstammrosen verwendet werden. Warum also

Beerenhochstämmchen sind praktisch, sie lassen sich besonders leicht beernten und sparen Platz.

nicht eine Reihe Beeren ins Sommerblumenbeet pflanzen, eventuell eingerahmt von streng geschnittenem Buchsbaum? Üblicherweise haben Beerensträucher ihren Platz im Nutzgarten, aber gerade bei begrenztem Platz können sie natürlich auch in den Ziergarten mit einbezogen werden. Außerdem hat nicht jeder einen separaten Nutzgartenbereich.

Sichtschutz

Oft wird die eigene Terrasse mit Geflechtzäunen oder ähnlichem zum Nachbarn hin abgeschirmt. Nicht ganz so hundertprozentig dicht, aber doch so, dass die eigene Privatsphäre erhalten bleibt, sind freistehende Spaliere mit Obst oder auch dicht gepflanzte Säulenobst-Bäumchen. An den Grundstücksgrenzen werden oft Hecken aus unterschiedlichen Blütengehölzen gepflanzt. Viele Wildobst-Arten wie etwa Kornelkirschen, Mispeln, Sanddorn oder auch Apfel- und Maibeeren fügen sich dort perfekt mit ein und sind ebenso wie viele Ziersträucher eine gute Nahrungsquelle für die heimische Vogelwelt. Aus Kornelkirschen lassen sich sogar streng geschnittene Hecken formen, sie ersetzen damit Buche oder Heinbuche. Trotz der Schnittmaßnahmen blüht und fruchtet eine solche Hecke trotzdem, wenn auch weniger als eine freiwachsende.

An der warmen Wand

Südwände sind ideal für Wärme liebende Obstgehölze wie Pfirsich, Nektarine oder auch Weintrauben, denn sie fangen die Sonnenwärme am Tag ein und geben sie abends und nachts langsam wieder ab. So kann man den Anbau auch in klimatisch nicht so begünstigten Gegenden wagen. An halbschattigen Standorten bleiben immer noch Brombeeren oder Minikiwi als Alternative, um Mauern, Garagen, Schuppen und Sonstiges wirkungsvoll zu begrünen. ■

Bei der Spaliererziehung sind viele Formen möglich, hier ein diagonaler Wuchs vor einer Sichtschutzwand.

HOCHSTÄMMCHEN IM BEET Eine Pflanzung mit Stachelbeer-Hochstämmchen und passender Unterpflanzung zeigen wir Ihnen hier oder unter www.m.kosmos.de/15065/tb4

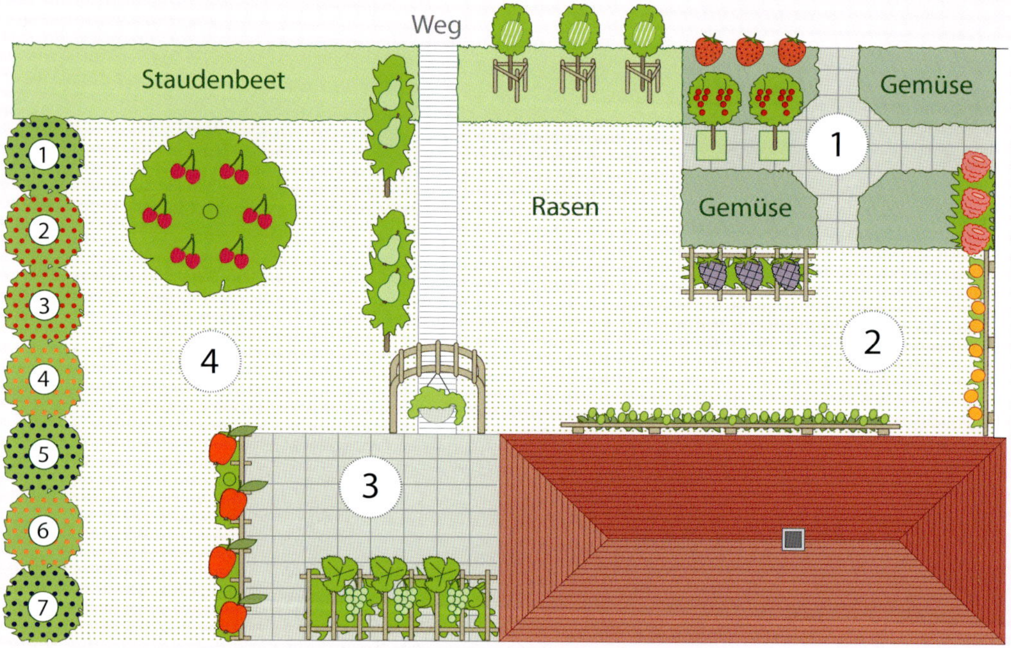

Rund ums Haus, an Wänden und Zäunen und an vielen Plätzen im Garten ist Platz für eigenes Obst.

Ein Hausgarten
VIELE MÖGLICHKEITEN

WO LÄSST SICH IM GARTEN und auf der Terrasse welches Obst kultivieren? Die Skizze auf dieser Seite soll Ihnen einige Anregungen geben, welche Möglichkeiten sich bieten, auch auf kleinstem Raum eine große Vielfalt an Obstbäumen und Beerensträuchern zu kultivieren. Leckere Erdbeeren finden sogar Platz in Hanging Baskets, die an einem sonnigen Standort überall dort hängen können, wo ein klein wenig Platz übrig ist.

Eine Trennung von Zier- und Nutzgarten muss dabei gar nicht angestrebt werden. Warum sollen an einer Pergola nicht Kletterrosen und Brombeeren einträchtig ineinander wachsen?

Auf der Terrasse

Hier (→ 3) sorgt eine Pergola für den begehrten Schatten im Sommer, vor allem, wenn die Sonne ungehindert von Süden dorthin scheint. Anstatt mit Rosen könnte man die Pergola auch mit Wein beranken lassen, zumal der vollsonnige Standort, zusammen mit der guten Wärmeabstrahlung der Hauswand und des Terrassenbelags, optimale Bedingungen dafür bietet, dass der Wein gut wächst und reichlich fruchtet.

Als Begrenzung zum Garten und als Sichtschutz bietet sich ein mit Äpfeln oder Birnen bewachsenes Spalier an, das im Sommer dicht genug ist, um auf der Terrasse für die gewünschte Privatsphäre zu sorgen.
Im Garten könnte man verschiedene Bereiche einrichten. Wer auch Gemüse und Kräuter anbauen möchte, für den lohnt sich die Anlage eines speziellen Nutzgartens, zum Beispiel in Form eines traditionellen, umzäunten Bauerngartens (→ 1). Zwischen Gemüsereihen wachsen dort auch Erdbeeren und Rhabarber am Zaun entlang und zwischen den Beeten finden Himbeersträucher und anderes Beerenobst ihren passenden Platz.

Noch mehr Möglichkeiten

Auch im „allgemeinen" Garten ist viel Platz für die unterschiedlichsten Obstsorten (→ 2 und → 4). An der Hausmauer und an Begrenzungsmauern zu den Nachbargrundstücken können Sie Rankgitter für Kiwi, Pfirsiche und andere Wärme liebenden Obstsorten befestigen; Beerenhochstämmchen finden in Blumenbeeten Platz. Bei einer ausreichenden Rasenfläche lohnt sich ein richtiger Obstbaum, etwa eine Kirsche. Als Hecke eignen sich die verschiedensten Wildobstarten, und schmalwüchsiges Säulenobst entlang des Gartenweges lädt zum Naschen ein. Gerade eine Wildobsthecke ist ein wertvoller Ersatz für all die Thuja- und Kirschlorbeerhecken, die unsere Grundstücke gewöhnlich sonst so umgeben. Diese sind zwar immergrün, sehen aber das ganze Jahr gleich langweilig aus. Und sie bieten der heimischen Fauna zwar in begrenztem Rahmen Nistmöglichkeiten, aber keinerlei Nahrung. Übrigens lässt sich Wildobst auch vielfältig in der Küche verwenden (s. S. 70). ■

pflanzen & pflegen

PRAXIS

BEERENSTARKE GÄRTEN

S. 24

Hilfe beim Einkauf

Damit Obst und Beeren gut reifen und die Bäume und Sträucher gesund bleiben, brauchen sie den richtigen Standort. Manche Arten und Sorten wünschen sich einen besonders geschützten Platz, andere sind da härter im Nehmen.

S. 28

Schnitt bei Apfel, Birne & Co.

Für eine gleichmäßige, gute Ernte sind die richtigen Schnittmaßnahmen bei allen Obst- und Beerenarten unerlässlich. Doch der Schnitt ist keine Kunst, wenn man nur ein paar Grundregeln beachtet. Noch viel wichtiger ist aber, dass der Schnitt regelmäßig ausgeführt wird.

S. 32

Wussten Sie, DASS MAN HERBST-HIMBEEREN NACH DER ERNTE EINFACH BIS ZUM BODEN ZURÜCKSCHNEIDET?

S. 38

Bodenverhältnisse & Substrate

Wer viele Früchte schenkt, darf dafür auch etwas fordern: nämlich den richtigen Boden, genügend Wasser, Futter und etwas Pflege. Der Hunger nach Dünger ist je nach Obstart

unterschiedlich hoch, einige sind für gemulchten Boden dankbar, und manche müssen intensiver gewässert werden als andere.

S. 42

Vermehrung bei Beerenobst

Beim Wildobst erledigen oft Vögel und kleine Säugetiere wie Spitzmaus und Siebenschläfer die Vermehrung. Die Aussaat ist aber auch gezielt möglich. Bei gezüchteten Sorten mit speziellen Eigenschaften kommen verschiedene Vermehrungsarten zum Zuge, zum Beispiel Stecklinge, Absenker oder die Veredelung.

S. 46

Schädlinge

Leider finden auch zahlreiche Insekten und ihre Larven Obst zum Anbeißen. Oft kann man sich zwar ohne weitere Maßnahmen mit ihnen arrangieren, bei stärkerem Befall ist eine gezielte Bekämpfung aber notwendig. Dafür stehen heute natürlich biologische Mittel zur Verfügung. Häufig helfen allerdings schon einfache Maßnahmen zur vorbeugenden Abwehr.

Welches Obstgehölz NEHME ICH?

BEI DER AUSWAHL, welche Obstart Platz im Garten, auf der Terrasse oder dem Balkon findet, entscheidet vor allem der eigene Geschmack. Aber auch die Tatsache, dass es manche Arten und Sorten kaum frisch zu kaufen gibt, kann den Ausschlag geben, es einmal mit der Kultivierung im eigenen Garten zu probieren. Himbeeren und Brombeeren sind beispielsweise im normalen Lebensmittelhandel kaum zu bekommen, und wenn, dann sind sie sehr teuer. Das liegt einfach daran, dass sie sorgfältig von Hand gepflückt und ganz vorsichtig transportiert werden müssen, dann aber trotzdem nicht länger als einen Tag lagerfähig sind. Im Garten hingegen gedeihen sie relativ problemlos und können immer frisch bei Bedarf gepflückt werden.

Alte & neue Sorten

Um so manche Sorte ranken sich Legenden, zum Beispiel um die historische Erdbeersorte 'Mieze Schindler', deren Aroma als unübertroffen gilt. Sie hat jedoch den Nachteil, dass die geernteten Früchte sich nur sehr kurz halten, weil sie sehr weich sind. Auch für den Transport sind sie völlig ungeeignet. So bleibt eigentlich nur der An-

Brombeeren sind einfach zu kultivieren und schmecken frisch gepflückt köstlich.

Die Aprikose 'Bergeron' blüht von März bis April. Auf der Sonnenseite haben die Früchte oft eine rote Wange.

Die Apfelsorte 'Goldparmäne' ist eine robuste Herbstsorte mit kleinen bis mittelgroßen Früchten.

bau im eigenen Garten, wenn man sie genießen will. Natürlich gibt es auch hervorragende moderne Sorten und man kann durch die Kombination von früh-, mittel- und spätreifenden viele Wochen lang ernten und genießen.
Bei Äpfeln sind nur die Sorten im Handel, die schön aussehen und die maschinelle Ernte inklusive Transport ohne Dellen und Macken überstehen. Höchstens auf Bio-Höfen mit Direktverkauf kann man auch andere, vor allem regional verankerte Sorten kaufen. Also, warum den eigenen Garten nicht zur Arche für alte und „bedrohte" Sorten machen? Veredelt durch eine schwachwüchsige Unterlage sind auch sie für normal große Gärten geeignet, anders als die Hochstämme, die auf die Streuobstwiesen gehören. Wer ganz wenig Platz hat, kann auf das seit einigen Jahren erhältliche Säulenobst zurückgreifen. Bei einem Pflanzabstand von maximal zwei Metern können Sie eine ganze Reihe unterschiedlicher Sorten pflanzen.

Das Klima im Garten

Nicht jede Obstart ist für jedes Klima geeignet. Pfirsiche, Nektarinen oder Aprikosen benötigen einen sonnigen, warmen, sehr geschützten Standort; in Mitteleuropa am besten an einer wärmenden Mauer. In rauen Gegenden mit kalten Winden und starken Frösten wird man keinen Erfolg mit ihnen haben. Hingegen können sie in einem geschützten Hinterhof in der Stadt sehr wohl gedeihen. Für Tafeltrauben und Kiwi gilt das Gleiche. Bei Äpfeln und Birnen gibt es lokale Sortenspezialitäten, die gut an das örtliche Klima angepasst sind. Im rauen Klima der Mittelgebirge gedeihen manche Sorten besser als im Weinbauklima vieler Flusstäler. Das gemäßigte Klima an der Nordsee begünstigt andere Sorten als das schon fast kontinentale Klima in Sach-sen. Lokale Baumschulen kennen sich damit aus, welche Sorten empfehlenswert sind, und haben diese meist auch vorrätig. ■

Obstgehölze WORAUF ES ANKOMMT

OBSTGEHÖLZE WERDEN ENTWEDER als wurzelnackte Pflanzen, Ballenware oder Containerpflanzen angeboten. Am preiswertesten sind die wurzelnackten Pflanzen, die in frostfreien Zeiträumen von Oktober bis April direkt in der Baumschule gerodet und sofort verkauft werden. Sie müssen nach dem Roden möglichst schnell eingepflanzt werden und bergen das höchste Anwachsrisiko. Außerdem können sie nur zu den erwähnten Zeiten gepflanzt werden.

Wurzelnackte Ware wird vorsichtig ins Pflanzloch gesetzt, um die Wurzeln nicht zu verletzen.

Containergehölze können ohne Probleme von Frühjahr bis Herbst gepflanzt werden.

Größere Bäume werden oft in ein Ballentuch eingeschlagen, das miteingepflanzt wird.

Ballenware wird in der Baumschule regelmäßig verpflanzt, um den Wurzelballen kompakt zu halten. Zum Verkauf wird der Ballen dann in ein Ballentuch gewickelt, das die Wurzeln vor Verletzungen und Austrocknung schützt. Auch hier kann nicht ganzjährig, sondern nur von Oktober bis April bei frostfreier Witterung gepflanzt werden.

Praktische Containergehölze

Containerpflanzen werden in der Baumschule von Anfang an in Plastiktöpfen beziehungsweise -kübeln herangezogen. Sie können zu jeder Zeit gepflanzt werden, sind aber auch am teuersten. Inzwischen sind fast alle Baumschulen mehr und mehr dazu übergegangen, ihre Gehölze als Containerpflanzen anzubieten, sodass die Auswahl inzwischen ziemlich umfassend ist.

Wuchseigenschaften

Wie stark Obstbäume wachsen, hängt im Wesentlichen von der Unterlage ab, auf der sie veredelt werden. Für die kleinwüchsigen Bäume, die sich für die Kultur im Kübel eignen, werden in der Baumschule extrem schwachwüchsige Unterlagen verwendet. Auf diese werden dann die Edelreiser der jeweiligen Sorten veredelt. Nicht jede Sorte eignet sich für die Veredelung auf schwachwüchsigen Unterlagen, aber gerade viele der neuen Sorten wurden speziell im Hinblick auf die Eignung gezüchtet, auf solchen Unterlagen reichlich wohlschmeckende Früchte auszubilden.

Befruchtersorten sind wichtig

Wenn mehrere Bäume zusammenstehen können, ist das immer von Vorteil, denn die Ernte fällt höher aus, wenn sich die Sorten gegenseitig befruchten können. Bei Äpfeln gibt es keine Sorten, die selbstfruchtbar sind, sie brauchen als Befruchter immer eine zweite Sorte, ebenso wie bei Birnen. Bei Kirschen, Pfirsichen, Pflaumen und etlichen anderen Obstarten kommt es auch bei Einzelstellung zu Fruchtansatz, in jedem Fall ist die Ernte aber höher, wenn mehrere verschiedene Sorten nebeneinander stehen. Natürlich eignen sich auch die Bäume in der Nachbarschaft, sofern dort welche stehen, als Befruchter.

Jedes zweite Jahr Früchte?

Manche Apfelbäume neigen zu Alternanz. Das heißt, sie bringen nur jedes zweite Jahr den vollen Ertrag. Um das zu vermeiden, sollten immer schon frühzeitig kleine Früchte entfernt werden. Dadurch wird nicht nur der Alternanz vorgebeugt, sondern es entwickeln sich auch größere Früchte.

Beerenobst RICHTIG SCHNEIDEN

WÄHREND ES BEI DEN BÄUMEN von Apfel, Birne und Co. im Wesentlichen darum geht, eine gleichmäßige, locker aufgebaute Krone zu erzielen, die den heranwachsenden Früchten genügend Raum und Licht zur Entwicklung gibt, gelten für strauchförmig wachsendes Beerenobst andere Kriterien. Bei vielen Arten können nach der Ernte die Fruchtzweige ganz zurückgeschnitten werden, da sie im folgenden Jahr nicht mehr tragen, weil die nachwachsenden jungen Zweige dies übernehmen. Himbeeren und Brombeeren sind gute Beispiele für diese Wuchseigenschaften. Bei beiden wachsen zudem die Zweige als Ruten direkt aus der Basis. Im Laufe eines Jahres schaffen sie dabei durchaus eine Wuchsleistung von mehreren Metern.

Bis zur Basis zurückschneiden

Abgetragene Ruten werden daher immer komplett bis zum Boden zurückgeschnitten. Zusätzlich ist es aber auch sinnvoll, weitere Triebe herauszuschneiden, damit der Strauch nicht zu dicht wächst. Eine gute Faustregel ist, bei einer Reihenpflanzung von Himbeeren im Garten sieben bis acht Ruten pro laufenden Meter zu belassen, bei einzelnen Pflanzen im Kübel fünf bis sechs Ruten pro Pflanze. Lassen Sie immer die kräftigsten Ruten stehen.
Während der Vegetationsperiode können weitere Eingriffe erforderlich werden. Dies ist dann

Die abgetragenen Ruten werden im Herbst komplett bis zum Boden zurückgeschnitten.

der Fall, wenn besonders stark wachsende Sorten zu kräftig werden. Es ist ohne größere Probleme möglich, das Längenwachstum solcher Sorten durch ein Einstutzen auf eine Wuchshöhe von etwa zwei Metern zu begrenzen.

Brombeeren schneiden

Bei Brombeeren handelt es sich um Halbsträucher, die die Früchte am zweijährigen Holz tragen. Man unterscheidet bei ihnen zwei Sortengruppen, die sich im Wachstum wesentlich unterscheiden: die einen wachsen aufrecht, die anderen rankend. Bei den rankenden Sorten werden während der Ertragszeit zwei Schnitte durchgeführt, ein Sommer- sowie ein Herbstschnitt. Beim Herbstschnitt werden die abgetragenen Ruten ebenerdig abgeschnitten. Das geschieht direkt nach der Ernte, je nach Sorte Anfang September bis Ende Oktober. Beim Sommerschnitt im Juli/August werden die Seitentriebe auf ein bis drei kräftige Knospen zurückgeschnitten. Auch die zu dicht stehenden, bodennahen Ranken werden beim Sommerschnitt gleich mit entfernt.
Bei den aufrecht wachsenden Sorten werden im März/April die jungen Ruten in Höhe von maximal zwei Metern eingekürzt. Auf diese Weise wird die Seitentriebbildung gefördert. Der Rückschnitt der Seitentriebe erfolgt dann wie bei den rankenden Sorten nach der Ernte. Aufrecht wachsende Brombeeren haben den Vorteil, dass sie keine Kletterhilfe benötigen. Sie sind daher besonders für eine Kultur im Kübel geeignet. ■

HOCHSTÄMMCHEN SCHNEIDEN

1. **Krone aufbauen:** Zunächst werden die Seitentriebe eingekürzt, Zweige im unteren Bereich entfernen.
2. **Aufasten:** Weiterhin Zweige im unteren Bereich ganz abschneiden, um einen glatten Stamm zu erreichen.
3. **Höhe festlegen:** Ist die gewünschte Höhe erreicht, den Leittrieb über dem obersten Seitenast abschneiden.
4. **Erhaltungsschnitt:** Ab jetzt nur noch abgetragene Seitenäste entfernen und Form erhaltend schneiden.

GUTE HIMBEERSORTEN Pflegeleichte und köstliche Himbeersorten in faszinierenden Farben bekommen Sie hier gezeigt oder unter www.m.kosmos.de/15065/tb6

Wie schneiden? BEWÄHRTES UND BESONDERHEITEN

DIE MEISTEN BEERENOBST-ARTEN geben einen besseren Ertrag, wenn sie regelmäßig geschnitten werden. Rote und weiße Johannisbeeren werden jährlich nach der Ernte ausgelichtet. Dabei werden dreijährige und ältere Äste bodennah entfernt. Sie sind in der Regel gut erkennbar an ihrer dunklen, schwarzbraunen Rinde. Belassen Sie jeweils vier bis sechs diesjährige und die gleiche Anzahl an ein bis zwei Jahre alten Trieben an der Pflanze. So sorgen Sie für ein ausgewogenes Verhältnis frischer Jungtriebe und genügend älterer Fruchttriebe.
Schwarze Johannisbeeren bilden die besten Erträge an den einjährigen Trieben. Es werden daher jährlich nach der Ernte alle einjährigen Triebe entfernt, damit sich der diesjährige Durchtrieb kräftig entwickeln kann, der dann im Folgejahr reichlich zu fruchten beginnt.
Stachelbeeren werden analog zu den Johannisbeeren behandelt. Entfernen Sie im Rahmen der Ernte alle Triebe, die älter als drei Jahre sind, und belassen Sie jeweils sechs bis acht ein- und zweijährige Triebe.

Besondere Eigenschaften

Manche modernen Sorten weichen in ihren Wuchseigenschaften von denen der bekannten Sorten ab. So fruchten Brombeeren in der Regel am zweijährigen Holz. Es gibt aber Neuzüchtungen, bei denen die Einkreuzung anderer Wild-

Die schlanken Säulenbäumchen müssen fast gar nicht zurückgeschnitten werden.

arten dazu geführt hat, dass sie am einjährigen Holz, also an jungen Trieben des gleichen Jahres, Blüten und Früchte ansetzen. Diese Sorten werden in den Baumschulen als aufrecht wachsende, nicht rankende Sorten verkauft. Bei ihnen ist der Schnitt denkbar einfach: Im späten Herbst oder im zeitigen Frühjahr werden einfach alle Triebe komplett bis zum Boden abgeschnitten. Es bilden sich dann kräftige Jungtriebe, die im Sommer höchstens etwas ausgelichtet werden müssen, wenn sie zu dicht stehen.
Für Herbsthimbeeren gilt das Gleiche. Man kann bei diesen Obststräuchern also nichts verkehrt machen. Auch Gartenneulinge können garantiert viele Früchte ernten.

Fast kein Schnitt nötig

Fast genauso einfach ist der Umgang mit Säulenobst. Die Seitentriebe wachsen sowieso nur zu Stummeln heran. Falls doch einmal einzelne Äste etwas aus der Art schlagen, werden sie entsprechend eingekürzt. Die Spitzen der Bäumchen kann man einfach kappen, wenn sie zu hoch werden. In der Regel wachsen sie aber sowieso kaum höher als zwei bis drei Meter. ■

BROMBEEREN RICHTIG SCHNEIDEN

1. **Nach dem Pflanzen:** Zunächst alle Triebe auf eine Handbreit herunterschneiden.
2. **Auslichten:** die kräftigsten Triebe stehen lassen, schwache bis zum Boden herunterschneiden.
3. **Nach der Ernte:** Im Herbst die abgetragenen Fruchttriebe herausschneiden.
4. **Sommerschnitt:** Zu dicht verzweigte Fruchttriebe auslichten.

1

2

3

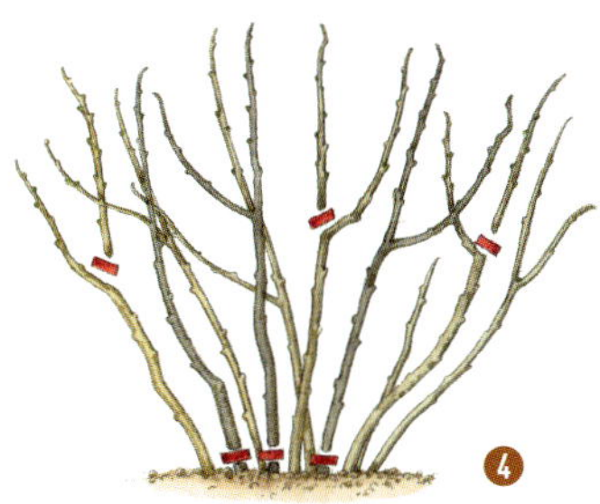
4

Eine Regentonne spart Leitungswasser, den Pflanzen tut das weiche Wasser gut.

WASSER MARSCH! *Richtig gießen*

DAS OPTIMALE WACHSEN UND GEDEIHEN aller Pflanzen hängt von mehreren Faktoren ab: Der Standort muss passen, die richtige Erde muss im Topf sein und vieles mehr. Lebensnotwendig ist darüber hinaus die ausreichende und regelmäßige Versorgung mit Wasser. Im Garten ist reichliches Wässern vor allem in den ersten Wochen nach dem Pflanzen sehr wichtig, denn die Wurzeln müssen erst im Erdreich „Fuß fassen" und die feinen Faserwurzeln ausbilden, die für den Transport der Feuchtigkeit aus dem Erdreich notwendig sind. Später brauchen Sie nur noch in längeren Trockenzeiten zu gießen, dann aber lieber selten und dafür durchdringend. Bei häufigem, aber oberflächlichem Gießen bilden sich nur Wurzeln in der Nähe der Oberfläche aus, und die Pflanze wird nicht auf niederschlagsarme Zeiten vorbereitet.

Begrenzter Wurzelraum

Da der Wurzelraum aller Pflanzen, die in Kästen, Töpfen und Kübeln wachsen, stets begrenzt ist, müssen sie unbedingt regelmäßig gegossen werden, damit ihre Wurzelballen nicht austrocknen. Tägliches Gießen, bei sommerlicher Hitze auch morgens und abends, ist im Hochsommer oft nötig, damit sich die Pflanzen auf Balkon und Terrasse in Hochform präsentieren. Prüfen Sie vor dem Gießen die Feuchtigkeit des Substrates. Wenn die Oberfläche bereits angetrocknet ist, ist es höchste Zeit. Am besten wird großzügig aber langsam gegossen, damit die Erde nicht herausgeschwemmt wird. Überschüssiges Gießwasser läuft durch die Abzugslöcher am Boden wieder heraus. Falls Sie Untersetzer unter den Pflanzenbehältern haben, schütten Sie das darin stehende Wasser ab, warten Sie aber erst einige Minuten, denn oft saugen die Wurzeln einen Teil des Wassers bis dahin noch auf.

Begehrtes Regenwasser

Optimal zum Gießen ist natürlich das weiche Regenwasser, zudem sparen Sie auch eine Menge an Wassergebühren, wenn Sie darauf zurückgreifen können. Oft genügt schon eine Regentonne, in der ein Teil des Wassers, das durch die Regenrinne läuft, aufgefangen wird.

Automatische Bewässerung

Bequem und zeitsparend sind automatische Bewässerungssysteme. Die Möglichkeiten reichen dabei vom einfachen Tropfschlauch bis zum computergesteuerten System. Der Tropfschlauch ist im Prinzip nichts anderes als ein perforierter Gartenschlauch, der zwischen die Pflanzen gelegt und an den Wasserhahn angeschlossen wird. Die Durchflussmenge wird durch das Öffnen des Wasserhahns reguliert. Die Länge des Schlauchstücks und die Anzahl der Tropflöcher im Pflanzbehälter bestimmen dabei die Wassermenge, die pro Stunde an die Pflanzen abgegeben wird. So werden die Pflanzen gleichmäßig und wassersparend bewässert. ■

Tropfschläuche sorgen für eine sehr gleichmäßige Bewässerung, die besonders für neu gepflanzte Gehölze wichtig ist.

Die Düngung
FÜR GESUNDE PFLANZEN

NEBEN DER BEWÄSSERUNG spielt auch die auf das Pflanzenwachstum abgestimmte Düngung eine wichtige Rolle, damit die Pflanzen kräftig wachsen und fruchten. Um lang anhaltende Blütenpracht und einen guten Ertrag zu bringen, benötigen sie regelmäßige und ausreichende Düngergaben. Im Handel erhalten Sie Dünger in den verschiedensten Zusammensetzungen und Darreichungsformen.

Flüssigdünger werden einfach dem Gießwasser zugegeben und sind für Kübelpflanzen ideal.

Düngerformen

Grundsätzlich wird zwischen organischen und mineralischen Düngern unterschieden. Organische Dünger werden aus pflanzlichen oder tierischen Materialien hergestellt. Sie wirken langsam und gleichmäßig, da sie nach und nach von im Boden lebenden Mikroorganismen zersetzt werden, sodass die Pflanzen die enthaltenen Nährstoffe nutzen können. Bei höheren Temperaturen arbeiten die Mikroorganismen schneller, bei niedrigen Temperaturen entsprechend langsamer. Auf jeden Fall dauert es drei bis vier Wochen, bis die Pflanzen den aufgebrachten Dünger aufnehmen können. Zur Gruppe der organischen Dünger gehören zum Beispiel reifer Kompost, Hornspäne oder Rinderdung.

Mineralische Dünger sind hingegen wasserlöslich und für die Pflanzen sofort verfügbar. Sie sind in verschiedenen Mischungen oder auch als einzelne Mineralien erhältlich. Phosphat, Kali, Stickstoff und Magnesium gehören in diese Gruppe. Neben rein organischen oder mineralischen Düngern sind auch Mischungen erhältlich, sogenannte organisch-mineralische Dünger. Sie wirken schnell und langanhaltend. Wer sich die regelmäßige Düngung ersparen will, kann auch Depotdünger verwenden.

Dabei sind die Wirkstoffe in Trägersubstanzen eingelagert, werden nach und nach freigesetzt und können dann von den Pflanzen aufgenommen werden. Auf diese Weise brauchen Sie nur alle paar Wochen zu düngen. Lesen Sie aber auch hierbei sorgfältig die Herstellerangaben zur richtigen Dosierung. Depotdünger sind meistens von körniger Substanz. Es gibt aber auch Kegel und Stäbchen, die in die Erde gesteckt werden.

Kreislaufwirtschaft ist sinnvoll

Gut zur Düngung geeignet ist Mist von Pferden, Rindern oder Schafen. Er muss gut abgelagert und verrottet sein, denn frisches Material würde die Krankheitsanfälligkeit der Bäume und ein ungesundes Triebwachstum auf Kosten der Fruchtbildung fördern.
Auch reifer Kompost ist ein guter Dünger, er sollte allerdings mit einem zusätzlichen Stickstoffdünger vermischt werden, zum Beispiel mit Hornmehl oder Hornspänen (70–100 g pro Baum bei Kernobst). Gesteinsmehl oder Algenkalk können als Spurenelementquelle (etwa 100 g pro Baum) bei Steinobst beigegeben werden, Holzasche zur Erhöhung des Kaliumgehalts. Bei der Ausbringung des Düngers sollten Sie beachten, dass das Wurzelsystem des Baumes, der sogenannte Wurzelteller, im Allgemeinen etwas breiter ist als die Krone. Die feinsten Saugwurzeln, die für die Wasser- und Nährstoffaufnahme besonders wichtig sind, befinden sich also etwas außerhalb des Kronenbereichs. Bei Obstgehölzen im Kübel arbeitet man am besten mit Spezialdünger aus dem Handel, bei dem alle Nährstoffe optimal aufeinander abgestimmt sind. ■

Gut verrotteter reifer Kompost.

Hornspäne sind tierischen Urprungs.

Beim Depotdünger werden die Nährstoffe durch die Umhüllung nach und nach freigegeben.

Bienenfreund (Phacelia) ist nicht nur Gründünger, sondern auch eine gute Bienenweide.

Bodenverhältnisse
SIND WICHTIG

WISSEN SIE, WIE DIE BODENBESCHAFFENHEIT in Ihrem Garten ist? Graben Sie dazu an verschiedenen Stellen mindestens spatentief Bodenproben aus und nehmen Sie die Erde in Ihre Hand. Fühlt sie sich sehr klebrig an, lässt sie sich gar zu kleinen, festen Kügelchen kneten? Dann besitzt Ihr Boden einen hohen Lehmanteil und neigt zu schlechtem Wasserabzug. Andererseits kann dieser Boden in Trockenzeiten auch länger die Feuchtigkeit halten. Verbessern können Sie einen solchen Boden durch großzügige Einarbeitung von reifer Komposterde, Sand und fein gehäckseltem Pflanzenmaterial. Auch die Einsaat von einjährigen Gründüngungspflanzen wie *Phacelia* oder wildem Senf, die nach dem Absterben einfach untergegraben werden, ist wirkungsvoll.
Regelmäßige Kalkgaben, die sofort leicht untergehackt werden, tragen auch zu einer kontinuierlichen Verbesserung bei. Am besten streuen Sie jährlich eine Handvoll Kalk pro Quadratmeter.

Gehaltvoller machen

Leichter Boden zeichnet sich dagegen dadurch aus, dass er einen hohen Sandanteil enthält. Er lässt sich sehr leicht bearbeiten. Wenn Sie ihn in die Hand nehmen, können Sie die einzelnen Sandkörner fühlen; der Boden ist krümelig und lässt sich nicht formen, sondern fällt sofort wieder auseinander. Auch solche Böden können bis zu einem gewissen Grad verbessert werden, indem möglichst viel organisches Material wie Komposterde oder Rindenhumus eingearbeitet wird. Zusätzlich können Sie im Handel erhältliche Gesteinsmehle einbringen, wobei die Empfehlungen der Hersteller beachtet werden sollten.

Der pH-Wert

Um den pH-Wert des Bodens festzustellen, können Sie einen Schnelltest durchführen, den Sie im Handel erhalten und der sehr einfach zu handhaben ist. Ein pH-Wert unter 6 kennzeichnet sauren Boden, über 7 alkalischen. Werte zwischen 5,5 und 7,5 sind in den meisten Gärten zu finden und werden auch von der überwiegenden Anzahl von Pflanzen bevorzugt. Stark saure Böden werden nur von reinen Moorbeetpflanzen benötigt, auch Rhododendron gehört dazu.

Substrate für den Kübel

Erden für die verschiedensten Pflanzenarten gibt es in Gartencentern zuhauf, auch für Gehölze – der Kunde hat die Qual der Wahl. Die Spezialerden sind auf die Nährstoffbedürfnisse der jeweiligen Pflanzengruppe abgestimmt, doch meistens gedeihen die Pflanzen auch in normaler Gartenerde gut. Erdbeeren und einjährige Obstpflanzen wie Andenbeere und Co. gedeihen am besten in einem Substrat für Balkon- und Zierpflanzen. Wichtig ist es, eine qualitativ hochwertige Erde zu nehmen, die auch beim Gießen nicht zu sehr verschlämmt, sondern locker bleibt. Die Erden sind alle mit einem gewissen Anteil an Nährstoffen angereichert, trotzdem muss aber nach einigen Wochen nachgedüngt werden. ■

Organisches Material wie Mulch und Kompost, hier an Himbeeren, verbessern den Boden nachhaltig.

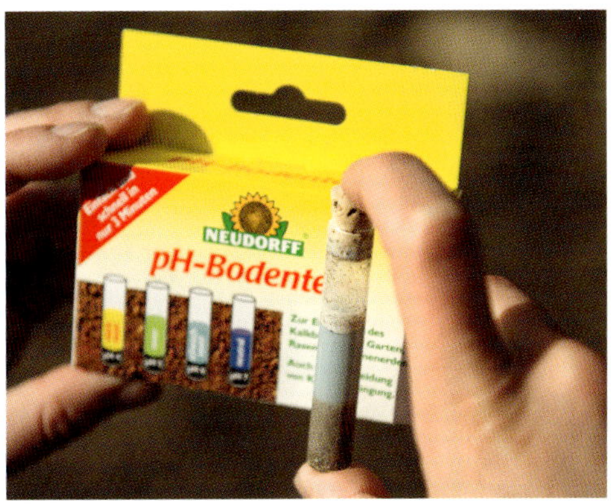

Den pH-Wert des Gartenbodens können Sie mit einem Untersuchungs-Kit selbst bestimmen.

Der Fantasie bei der Auswahl der Pflanztöpfe sind kaum Grenzen gesetzt. Wichtig ist ein Wasserabzug.

Der richtige Kübel

MATERIAL & QUALITÄT

ZUM GESAMTEINDRUCK einer gelungenen Balkon- und Terrassenbepflanzung tragen auch schöne Töpfe und Kästen wesentlich bei. Sie sollen nicht nur dekorativ, sondern auch zweckmäßig sein, dazu langlebig und gerade bei Dauerbepflanzung mit Obstgehölzen unbedingt auch frosthart.

Kunststoffkästen

Kübel sind in den unterschiedlichsten Materialien erhältlich. Am preiswertesten sind Kunststoffkästen. Inzwischen werden auch Modelle in modischen Farben angeboten, die ein besonderer Hingucker sein können. Häufig imitieren Kunststoffkübel auch andere Materialien wie zum Beispiel Terrakotta auf verblüffende Weise.

Qualität zahlt sich aus

Achten Sie beim Kauf unbedingt auf gute Qualität. Markenhersteller geben häufig eine mehrjährige Garantie auf ihre Gefäße. Ein großer Vorteil von Kunststoff ist sein geringes Gewicht. Neben den einfachen Kübeln werden auch unterschiedlichste Modelle mit eingebautem Wasserreservoir angeboten.

Terrakotta, Ton & Stein

Gefäße aus Terrakotta und Ton sind sehr beliebt. Oft sind ganze Serien aus Kästen und Kübeln im Angebot, alle im Design aufeinander abgestimmt und vielseitig zu kombinieren. Die angenehmen Rottöne hochwertiger Terrakottaware harmonieren hervorragend mit allen Pflanzen und auch mit jeder Art von Balkon- und Terrassenmöblierung. Anders als Kunststoff atmet das Material und verdunstet dabei auch immer einen Teil des Gießwassers. Es muss also häufiger gegossen werden. Außerdem sind die Gefäße sehr schwer; das sollte man vor dem Kauf bedenken.

Glasierte Gefäße sind meist aus Steinzeug. Sehr beliebt sind leuchtende Blautöne, aber auch erdige Braun- und Grüntöne haben eine ganz besondere und warme Farbe, sie wirken rustikaler und harmonieren besonders gut mit Bodenbelägen aus groben Natursteinen und Klinkern.

Metall & Beton im Trend

Wer es besonders edel mag, kann aus einem umfangreichen Sortiment an Gefäßen aus Zink, Edelstahl und Kupfer wählen. Mit der Zeit setzen diese Materialien eine schöne Patina an, zudem sind sie so gut wie unzerstörbar.

Interessant sind auch Töpfe aus Betonmischungen, die je nach zugegebenen Materialien wie Granit, Marmor oder Naturstein wirken, aber viel preiswerter sind.

KLEINE MATERIALKUNDE Welche Verarbeitungsmaterialien Ihnen die Topf- & Kübelkultur erleichtern, zeigen wir Ihnen hier oder unter www.m.kosmos.de/15065/tb7

Wie oft umtopfen?

Zwerg-Obstbäumchen und Obststräucher können durchaus einige Jahre im gleichen Kübel und somit im gleichen Substrat bleiben, bevor man sie dann doch umtopfen muss. Umgetopft wird am besten im zeitigen Frühjahr vor dem neuen Austrieb. Heben Sie die Pflanze aus dem Gefäß und schütteln Sie möglichst viel vom alten Substrat ab. Die Wurzeln können anschließend ein wenig eingekürzt werden, um sie zu neuem Wachstum anzuregen. Nehmen Sie einen etwas größeren Kübel als den alten, füllen unten frisches Substrat hinein, setzen darauf die Pflanze und füllen an den Seiten ebenfalls die neue Erde und ein wenig organischen Langzeitdünger ein. Die Pflanze soll genauso tief eingepflanzt werden wie sie vorher stand. Zum Schluss können Sie noch einen Auslichtungsschnitt bei den Beerensträuchern vornehmen, beziehungsweise einen Rückschnitt bei Kern- und Steinobstbäumchen, wie er weiter vorne im Buch bereits beschrieben wurde. ■

Zu den Klassikern unter den Pflanzgefäßen gehören Ton- und Terracotta-Töpfe.

Vermehrung VON BEERENOBST

NEBEN DER VEREDELUNG, die vor allem bei Kern- und Steinobst die überwiegende Methode darstellt, kann vor allem strauchig wachsendes Beerenobst recht einfach durch Stecklinge vermehrt werden. Aussaat scheidet bei gezüchteten Sorten in der Regel aus, weil die Sämlinge nicht sortenecht wachsen. Wildobst wiederum kann man selbstverständlich durch Aussaat vermehren. Auch Baumschulen vermehren Wildobst oft durch Aussaat, vor allem wenn es in der freien Natur ausgepflanzt werden soll.

Mit einem scharfen Messer schneiden Sie das Material für die Stecklinge.

Der richtige Schnitt

Stecklinge werden meist im Frühling oder im Spätsommer geschnitten. Abhängig von der Pflanzenart unterscheidet man krautige oder leicht verholzte (halbreife) und verholzte (reife) Stecklinge. Halbreife Stecklinge werden von Stauden und Halbsträuchern geschnitten, während reife Stecklinge von Gehölzen abgenommen werden. Die Mutterpflanzen, von denen die Stecklinge geschnitten werden sollen, müssen gesund und kräftig sein, sonst kränkeln auch die Stecklinge. Wichtig ist, dass die halbreifen Stecklinge weder zu weich noch zu hart sind. Zu weiche Stecklinge faulen leicht, bevor sie überhaupt Wurzeln gebildet haben, zu harte Stecklinge bewurzeln sich ebenso schlecht. Als Faustregel gilt: Die Stecklinge sollten sich zwar leicht mit einem scharfen Messer von der Mutterpflanze trennen lassen, aber es sollte doch ein deutlicher Widerstand beim Schneiden zu spüren sein.

Kopf- und Triebstecklinge

In der Regel werden Stecklinge an den Triebenden abgenommen, man nennt sie dann Kopfstecklinge. Bei längeren Trieben können Sie diese aber auch in mehrere Abschnitte zerschneiden. Die aus den unteren Bereichen gewonnenen Stecklinge werden als Triebstecklinge bezeichnet. Häufig ist auch der Kopfbereich des Triebes noch zu weich für die Stecklingsgewinnung, sodass man auf die tiefer liegenden Bereiche ausweichen muss. Ansonsten gilt aber für Triebstecklinge das Gleiche wie für Kopfstecklinge: Sie sollten 5 bis 10 cm lang sein und einige Millimeter unter einem Wachstumsknoten, dem sogenannten Nodium, abgeschnitten werden.

Das Stecken

Stecklinge werden entweder einzeln in Töpfe oder zu mehreren in Kisten gesteckt. Dabei können Sie ruhig sehr dicht stecken. Geschnittenes Material sollte nicht länger liegen bleiben, falls aber von der Ernte bis zum Stecken längere Zeit vergeht, stellt man die Stecklinge am besten in ein Gefäß mit Wasser. Als Substrat wird spezielle Vermehrungserde benötigt, die man im Fachhandel bekommt. Sie sollte stets feucht, aber nicht nass gehalten werden. Eine rasche Bewurzelung kann durch eine Abdeckung der Gefäße mit Glas oder Folie erreicht werden, denn dadurch erhöht man die Luftfeuchtigkeit. Über kleine Töpfe stülpt man beispielsweise Einmachgläser, aber auch durchsichtige Gefrierbeutel sind hierfür geeignet.
Nachdem die Stecklinge die ersten Wurzeln gebildet haben, werden die Abdeckungen täglich für eine Weile entfernt, um für eine gute Belüftung zu sorgen und die Pflanzen langsam abzuhärten. Wenn sich neue Blätter bilden, dann haben sich auch Wurzeln entwickelt. Nach einiger Zeit ist es dann soweit, die neuen Pflanzen einzeln in größere Töpfe umzupflanzen. Auch für regelmäßige leichte Düngergaben sind sie jetzt dankbar.
Wichtig: Achten Sie beim Schneiden immer auf scharfes Schneidewerkzeug, sonst kommt es zu Quetschungen an der Schnittstelle, an der leicht Schadorganismen eindringen und eine gute Bewurzelung verhindern können. ■

Erdbeeren sorgen durch zahlreich gebildete Ausläufer selber für ihre Vermehrung.

Ein wenig Pflege MUSS SEIN

GANZ OHNE PFLEGE KOMMEN auch robuste Obstsorten nicht aus. Vor allem wenn sie frisch gepflanzt sind, müssen sie sich erst einmal eingewöhnen und gut anwachsen. Für eine regelmäßige und ausreichende Wassergabe sind sie daher genauso dankbar wie für eine gute Startdüngung und einen Platz, wo sie nicht durch Unkraut bedrängt werden.

Stellen Sie sich vor dem Einpflanzen alle benötigten Utensilien zurecht.

Gut angebunden

Frisch gepflanzte Obstbäumchen müssen mit einem Stützpfahl stabilisiert werden.
Dazu nimmt man eine Schnur und bindet den Stamm und den Pfahl, der beim Einpflanzen im Abstand von 10 bis 20 Zentimetern zum Stamm mit in den Boden gesetzt wird, in Form einer Acht fest zusammen. Diese Bindung muss regelmäßig gelockert werden, damit sie dem Stamm nicht den Saftfluss abschnürt. Der Pfahl verhindert die Neigung des Stammes zur Seite und das Rütteln durch den Wind. Dadurch können die Wurzeln in der kritischen Anfangszeit gut anwachsen.
Buschbäume und Säulenobst müssen immer gestützt sein, da sie nur einen kleinen Wurzelballen ausbilden. Bei Winddruck bekommen die Wurzeln sonst keine Ruhe und die Feinwurzeln können nicht optimal arbeiten.

Baumscheibe pflegen

Hierbei handelt es sich um die scheibenförmige Fläche um den Baumstamm. Sie sollte im Durchmesser wenigstens so groß sein wie die Krone. Säulen- und Buschbäume brauchen diese Baumscheibe immer. Die Baumscheibe sollte frei von

Gras und anderen Pflanzen gehalten werden. Diese würden dem Baum wertvolle Nährstoffe entziehen. Sie darf nicht umgegraben werden, da man sonst die feinen Wurzeln unterhalb der Oberfläche verletzen würde. Ideal ist eine Mulchschicht aus einem Holz- und Grasgemisch. Sie hält das Erdreich feucht und gleichmäßig temperiert. Für dauerhafte Nährstoffversorgung ist damit auch gesorgt.

Stammschutz

Wenn es im Spätwinter nachts kälter als 5° Celsius wird und tags darauf die Sonne – besonders bei geschlossener Schneedecke – auf den Stamm scheint, kann es zu gefährlichen Frostrissen kommen. Um ein Aufheizen der Rinde auf der Sonnenseite zu verhindern, kann man den Stamm mit einem auf Kalk basierenden Bio-Baumanstrich tünchen. Der Anstrich haftet dauerhafter, wenn man das Streichmittel mit etwas Silikatgrund verdünnt.

Vor allem in den ersten Jahren sollten die Baumscheiben frei von Bewuchs gehalten werden.

Für den Winterschutz eignen sich durchlässige Gewebe aus Jute oder Vlies.

Frostschutz bei Kübeln

Der Wurzelraum von Pflanzen, die in Kübeln kultiviert werden, ist bei Frost sehr viel mehr gefährdet als der von Pflanzen im Beet. Auch bei den an sich winterharten Obstgehölzen kann es dabei zu erheblichen Frostschäden kommen. Daher ist es sinnvoll, die Kübel zu dämmen, zum Beispiel, indem man sie in einen zweiten, größeren Kübel stellt und den Zwischenraum mit dämmendem Material wie trockenem Laub oder Stroh ausstopft.

Auch Hitze schadet.

Auch das Gegenteil, nämlich starke Hitze, kann einem Obstbäumchen im Kübel erheblich zusetzen. Vor allem dunkle Töpfe aus Metall oder Kunststoff heizen sich bei Sonneneinstrahlung auf, was im schlimmsten Fall zum Absterben der Wurzeln führen kann. Abgesehen davon benötigen Kübelpflanzen bei Sonne und Hitze besonders viel Wasser. ■

LÄUSE, RAUPEN & CO.
Schädlinge

AUCH PFLANZEN, DIE SORGFÄLTIG GEPFLEGT werden und an einem geeigneten Standort stehen, können von Schädlingen und Krankheiten heimgesucht werden. Oft ist der Befallsdruck nicht so hoch, dass man dagegen angehen müsste, zumal sich meist gleichzeitig die natürlichen Feinde der Schädlinge genauso stark vermehren. Manchmal ist der Befall aber doch ernsthaft und nur durch geeignete Präparate in den Griff zu bekommen.

Wühlmäuse

Schadbild: Die Pflanzen welken plötzlich, manchmal innerhalb von Stunden. Geht man der Ursache auf den Grund, kann man oft die ganze Pflanze aus der Erde ziehen, da die Wurzeln komplett abgefressen sind.
Ursache: Diese nimmersatten Nagetiere mögen Wurzeln frisch gepflanzter, junger Gehölze besonders gerne. Oft schaffen sie es, eine komplette Neupflanzung in einer Nacht zu zerstören.
Bekämpfung: Setzen Sie in gefährdeten Gebieten die Wurzeln der einzelnen Sträucher in engmaschige Drahtkörbe, die oben am Wurzelhals wieder geschlossen werden. Die Wurzeln durchwachsen mit der Zeit die Körbe, die selber nach einigen Jahren verrosten. Ältere, harte Wurzeln sind kaum noch gefährdet.

Blattläuse

Schadbild: Kleine, schwarze oder grüne Insekten sitzen in Kolonien an Stängeln und Blättern weicher Zweigspitzen. Sie saugen den Pflanzensaft heraus, sodass sich Triebe und Blätter aufrollen und welken.
Ursache: Oft werden Pflanzen, auch Gehölze, zu stickstoffhaltig gedüngt, wodurch die Triebe weich und anfällig werden.
Bekämpfung: Zunächst sollten Sie mit der Düngung eher zurückhaltend sein, besonders Stickstoff kann leicht überdosiert werden. Sorgen Sie dafür, dass sich die natürlichen Feinde wie Marienkäfer samt Larven und Florfliegen in Ihrem Garten wohl fühlen. Dies erreichen Sie dadurch, dass Sie keine Insektengifte verwenden und auch Pflanzenabfälle in einigen Bereichen des Gartens

Manchmal siedeln sich ganze Blattlauskolonien an.

Grauschimmel erzeugt unschöne Fruchtmumien.

Mehltau tritt als weißer Belag in Erscheinung.

liegen lassen, wohin sich Insekten zur Eiablage und zum Schutz vor Feinden zurückziehen können. Vorbeugend können Sie mit kräftigenden Pflanzenbrühen spritzen, die es auch als Fertigpackungen im Fachhandel zu kaufen gibt.

Raupen

Schadbild: Fraßstellen an den Blättern, oft bleibt nur noch das Gerippe übrig. Manchmal rollen sich die Blätter auch zusammen.
Ursache: Raupen treten in manchen Jahren epidemieartig auf, in anderen ist der Befall nur gering. Vorbeugen kann man dagegen nicht. Außerdem sind Raupen die Larvenstadien der Schmetterlinge, auf die wir im Garten sicher nicht verzichten wollen. Um sich entwickeln zu können, brauchen sie eben auch das passende Futter.
Bekämpfung: Sie können versuchen, die Raupen abzusammeln, was bei hohen Gehölzen aber schwierig ist. Ansonsten sollten Sie durch Anbringung von Nisthilfen für Vögel dazu beitragen, dass diese ihre Brut mit den Raupen aus ihrem Garten füttern.

Grauschimmel

Schadbild: Befallene Pflanzen wirken wie mit einer mehligen, grauen Schicht eingestäubt. Blüten verkleben, Früchte vertrocknen und fallen als graue Mumien ab.
Ursache: Grauschimmel entsteht vor allem bei feuchtem Wetter, wenn die Pflanzen ständig nass bleiben. Befallen werden immer nur die weichen Teile wie junge Triebe und Knospen.
Bekämpfung: Befallene Pflanzenteile sollten umgehend abgeschnitten werden, bevor sich der Pilz weiter ausbreitet. Bei Erdbeeren hilft es sehr, wenn die Früchte keinen direkten Kontakt mit dem Boden haben. Man kann eine Lage Stroh oder gehäckseltes Chinaschilf *(Miscanthus)* um die Pflanzen herum verteilen.

Mehltau

Schadbild: Man unterscheidet zwischen Falschem und Echtem Mehltau. Beim Falschen Mehltau entwickelt sich der gräuliche Pilzrasen auf der Blattunterseite. Auf den Blättern bilden sich meist gelbe Flecken. Echter Mehltau entwickelt sich dagegen als schmutzig bräunlicher Belag auf der Blattoberseite.
Ursache: Mehltau ist ein Pilz, dessen Sporen durch die Luft übertragen werden und der insbesondere bei warmem Wetter an Standorten mit wenig Luftzirkulation auftritt. Auch eine überhöhte Stickstoffdüngung fördert den Befall.
Bekämpfung: Bei leichtem Befall mit Mehltaupilzen schneidet man die befallenen Partien großzügig ab. Oft hilft ein Besprühen der Blätter mit Brühen aus Brennnesseln oder Schachtelhalm, die sich kräftigend auf das Pflanzengewebe auswirken. ■

DIE KIRSCHESSIGFLIEGE Sie schädigt die reifenden Früchte von Kirschen, Heidel-, Him- und Brombeeren. Mehr dazu hier oder unter www.m.kosmos.de/15065/tb8

ZUM NASCHEN
Fruchteis

❶ *Fruchtpüree*

Die Grundlage für ein solch köstliches Fruchteis sind verschiedene Beeren, zum Beispiel Johannis-, Blau- oder Preiselbeeren. Die Früchte werden mit dem Pürierstab zu einem feinen Püree zerkleinert.

❷ *Praktische Förmchen*

Damit das Fruchtpüree zu einem handlichen Eis am Stiel wird, gießt du es in entsprechende Förmchen, die es im Haushaltswarenladen zu kaufen gibt.

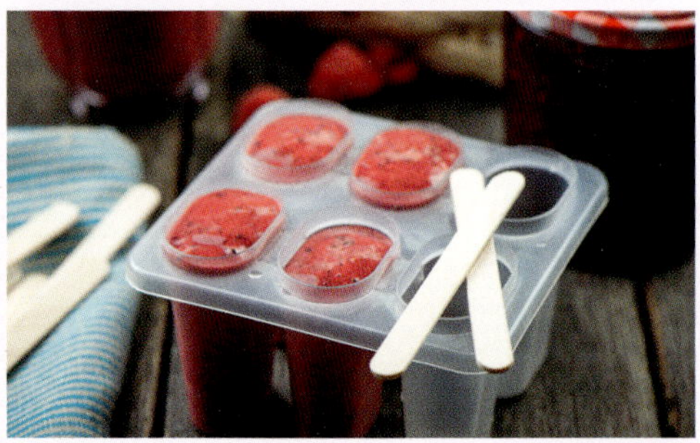

❸ *Ab in die Kälte*

Stell die Förmchen nach dem Einfüllen kurz in den Tiefkühler und stecke erst dann die Holzstiele hinein.

❹ *Etwas Geduld*

Bis das Eis fertig ist, dauert es mindestens 1 bis 2 Stunden. Danach ist es fest genug, damit es am Holzstiel hält. Nachdem das Eis in der Form kurz der Zimmertemperatur ausgesetzt wurde, lässt es sich auch gut aus der Form lösen.

Eis nur aus Fruchtpüree bezeichnet man übrigens als Sorbet. Cremiger, aber auch kalorienreicher wird das Eis, wenn du dem Püree etwas Sahne hinzufügst. Joghurt als Zugabe sorgt für ein erfrischendes Aroma und passt besonders zu Erdbeer- oder Himbeerpüree.

❺ *Sommergenuss*

Purer, unverfälschter Genuss mit herrlichem Fruchtaroma: Was gibt es Schöneres an einem heißen Sommertag? Bei einem so verführerisch angerichteten Eisteller kann wohl niemand widerstehen.

ALLES, WAS IHR BAUCHT

- 1 Kilogramm frische Beeren, zum Beispiel Erdbeeren, Johannisbeeren, Blaubeeren ...
- eine schmale hohe Schüssel, die man auch zum Sahne schlagen braucht
- einen Pürierstab
- Kunststoff-Förmchen zum Hineingießen der Fruchtmasse
- Holz- oder Kunststoffstäbchen

Zusätzlich für die sahnige Version:
- 1 Becher (250 g) Sahne oder 2 Becher Sahnejoghurt

artenreich & lecker

PORTRÄTS

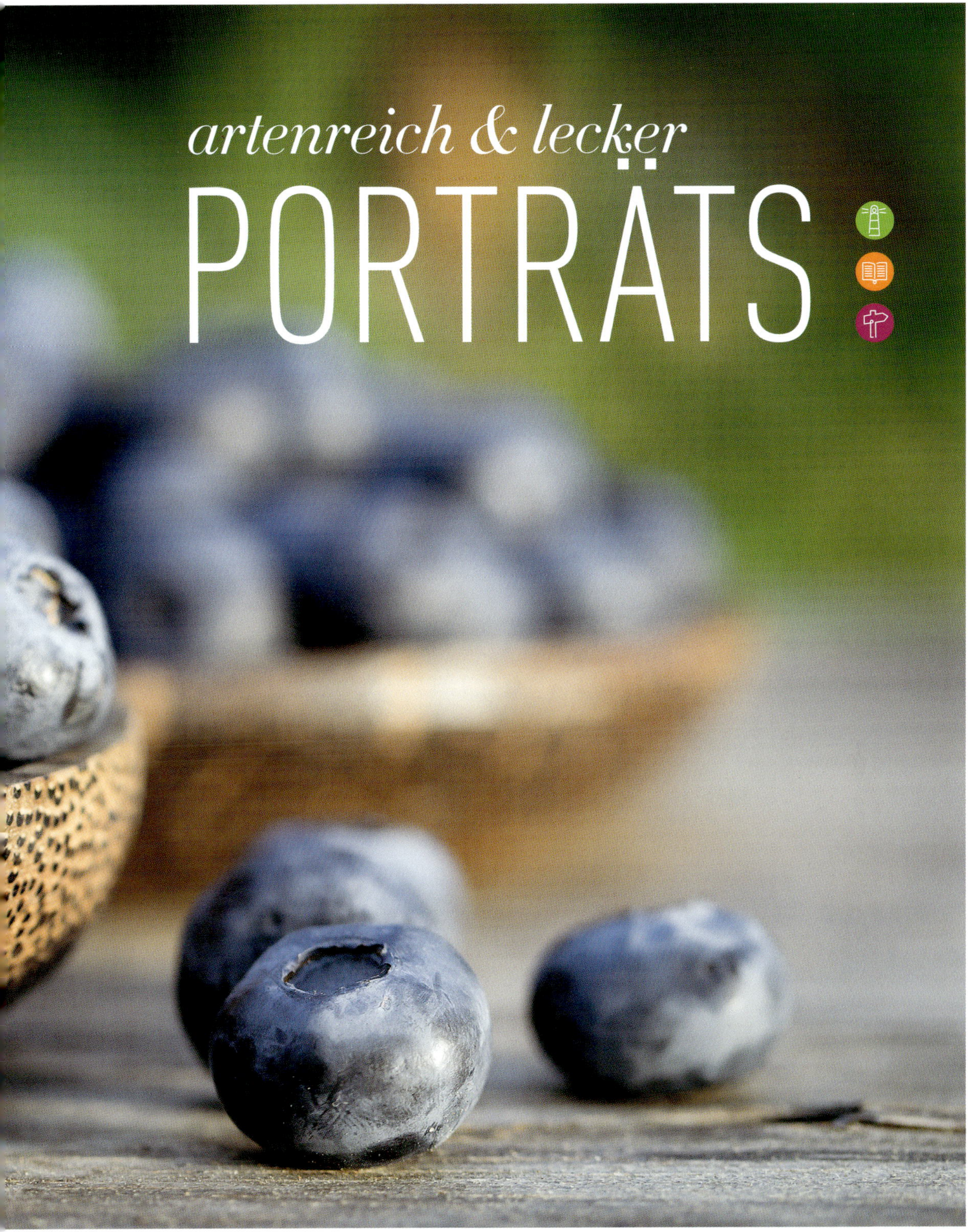

DIE BESTEN PFLANZEN

S. 54

Leckeres Kernobst

Kein anderes Obst ist so beliebt wie der Apfel. Neben den bewährten Klassikern gibt es auch zahlreiche moderne Sorten, die gut schmecken und robust sind. Auch Birnen, Quitten und Mispeln zählen zum Kernobst.

S. 58

Steinobst für Kenner

Ein riesiger alter Kirschbaum, unter dem man im Schatten in der Hängematte dösen kann: Schön, aber nichts für die heutigen kleinen Gärten. Die modernen Züchtungen werden daher auf schwachwüchsige Unterlagen veredelt.

Die Gattung *Prunus* hält aber noch mehr Köstlichkeiten bereit, etwa Pflaumen, Mirabellen, Pfirsiche und ganz neue Kreuzungen zwischen den Arten. Allen gemeinsam ist, dass sie im Inneren einen harten Stein besitzen, der wiederum den eigentlichen Samen birgt. Die einzige Art, bei der man diesen Kern essen kann, ist übrigens die Süßmandel. Sie wird vor allem in der Weihnachtsbäckerei, auch für die Marzipanherstellung, benötigt.

S. 62

Schlankes Säulenobst

Sie haben in den letzten Jahren die Gärten erobert, die schmalwüchsigen Sorten von Apfel bis Zwetschge. Im Handel findet man sie unter der Bezeichnung Säulenobst. Eine spontan auftretende Mutation, nämlich ein stark reduziertes Längenwachstum der Seitentriebe, wurde gezielt weiter selektiert und führte zu inzwischen zahlreichen Sorten, die kaum breiter als einen Meter werden und zudem kaum geschnitten werden müssen.

S. 70

Wild- & Wellnessobst

Viele Wildbeeren punkten nicht nur mit gutem Geschmack, sondern auch mit einem besonders hohen Vitamingehalt. Neue Arten, etwa aus Asien und Amerika, bescheren uns ganz neue Geschmackserlebnisse. Der Anbau von Gojibeere und Aronie sorgt auch im Marmeladenregal für neue Vielfalt.

S. 64

Fruchtige Beeren

Aromatische Beeren sind das ideale Naschobst, denn sie schmecken von der Hand in den Mund am besten. Auch Kinder lieben Brombeeren, Himbeeren und natürlich Erdbeeren. Johannis- und Stachelbeeren hingegen finden eher in der Küche ihre Verwendung, zum Beispiel als köstlicher Kuchenbelag.

DAS BESTE Kernobst

Apfel 'Klarapfel'

Malus domestica

Reifezeit Ende Juli bis Anfang August.
Fruchtfarbe Gleichmäßig hellgrün, bei Vollreife auch in Gelb übergehend.
Fruchtform Hoch aufgebaut, gerippt.
Geschmack Säuerlich, saftig, erfrischend.
Wissenswertes Der Klarapfel ist eine beliebte alte Frühsorte. Wegen der schnellen Reife ist er nicht für die Lagerung (druckempfindlich), sondern nur zum Sofortverzehr geeignet. Der Baum bildet mittelgroße Kronen mit aufrechten Ästen aus. Er stellt keine großen Bodenansprüche.

Apfel 'Roter Berlepsch'

Malus domestica

Reifezeit Anfang bis Mitte Oktober.
Fruchtfarbe Grüngelb bis gelb, mit leuchtend roter Deckfarbe auf der Sonnenseite.
Fruchtform Flachkugelig, mittelgroß, ziemlich gleichmäßig; auf der Kelchseite sind deutlich fünf Rippen zu erkennen.
Geschmack Süß-säuerlich, saftig, sehr aromatisch, feinzelliges Fruchtfleisch.
Wissenswertes Beim 'Roten Berlepsch' handelt es sich um eine Sprossmutation aus der Sorte 'Freiherr von Berlepsch'.

Mit diesen bewährten Sorten haben Sie von Juli bis zum folgenden März vollen Fruchtgenuss.

UNTERLAGEN FÜRS WACHSTUM Die Unterlage beeinflusst den Obstbaum in Wuchs- & Fruchtgröße sowie Fruchtqualität. Mehr dazu hier oder unter www.m.kosmos.de/15065/tb9

Apfel 'Nela'

Malus domestica

Reifezeit Mitte August bis Anfang September.
Fruchtfarbe Grüngelb bis hellgelb, mit rot geflammter Deckfarbe.
Fruchtform Hoch gebaut, mittelgroß, mit deutlichen Rippen auf der Kelchseite.
Geschmack Saftig, säuerlich mit ausgewogener Süße, feinzelliges Fruchtfleisch.
Wissenswertes 'Nela' ist eine Neuzüchtung aus Tschechien, die kaum anfällig für Mehltau und resistent gegen Schorf ist. Die Früchte sind gekühlt bis Anfang Oktober haltbar.

Apfel 'Topaz'

Malus domesticus

Reifezeit Mitte bis Ende September.
Fruchtfarbe Gelborange, sonnenseits leuchtend rot gestreift.
Fruchtform Rundliche, leicht abgeflachte Früchte, Kelcheinbuchtung ohne sichtbare Rippen.
Geschmack Saftig, gutes Aroma mit angenehmer Säure, knackiges, festes Fruchtfleisch.
Wissenswertes 'Topaz' stammt aus tschechischer Züchtung. Die Sorte ist schorfresistent, bringt sehr gute, regelmäßige Erträge und ist nur leicht anfällig für Mehltau.

Birne 'Harrow Sweet'

Pyrus communis

Reifezeit Anfang bis Mitte September.
Fruchtfarbe Grün mit rosaroter Deckfarbe im unteren Bereich.
Fruchtform Kompakt-rundliche Birnenform, mittelgroße Früchte.
Geschmack Saftige, aber feste Früchte mit süßem Geschmack, gutes Aroma.
Wissenswertes 'Harrow Sweet' aus Kanada ist eine der ganz wenigen Birnensorten, die gegen Feuerbrand resistent ist. Einer Pflanzenkrankheit, die zwar für den Menschen ungefährlich ist, aber vor allem Kernobst befällt und sich seuchenartig schnell ausbreiten kann. 'Harrow Sweet' ist mittelstark wachsend mit gutem Ertrag. Eine Ausdünnung wird angeraten, um regelmäßig aromatische Früchte zu erhalten. Am besten für den Frischverzehr geeignet.

Birne 'Uta'

Pyrus communis

Reifezeit Anfang bis Mitte Oktober.
Fruchtfarbe Gelbbraun bis bronzefarbig, vollständig berostet.
Fruchtform Mittelgroße, sehr kurzachsige und kompakte Früchte.
Geschmack Festes Fruchtfleisch, mittelmäßig saftig mit Schmelz, kräftiges Aroma, ausgeglichener Geschmack.
Wissenswertes 'Uta' ist eine gesunde Sorte, die am Institut für Obstforschung in Dresden-Pillnitz gezüchtet wurde. Sie ist kaum anfällig für Schorf und für Feuerbrand. Sie kann sehr ertragreich sein, die Früchte sollten dann aber ausgedünnt werden. Diese Birne ist ebenfalls eine gute Befruchtersorte. Wegen des schwachen, pyramidalen Wuchses ist diese Sorte vor allem für kleine Baumformen geeignet.

Birne 'Garden Pearl'

Pyrus communis

Reifezeit Ende September bis Anfang Oktober. Naschobst, nicht lagerfähig.
Fruchtfarbe Einfarbig grün.
Fruchtform Große, kompakte, rundliche Früchte.
Geschmack Aromatisch, sehr süß, mit schmelzendem, weichem Fruchtfleisch.
Wissenswertes Naschobst zur Einzelpflanzung im Topf oder Freiland, besonders gut geeignet für kleine Gärten, Terrasse und Balkon. Die Sorte ist selbstfruchtbar. Diese Zwergbirne ist eine sehr klein bleibende Sorte, die zudem auf einer schwachwachsenden Unterlage veredelt ist.
Der Ertrag der Früchte ist sehr hoch. Die Sorte wird selten höher als 120 Zentimeter und wächst aufrecht, dicht und baumförmig. Attraktiv sind auch die zahlreichen weißen Blütendolden im Frühjahr.

Nashi 'Nijisseiki'

Pyrus pyrifolia

Reifezeit Anfang bis Mitte September.
Fruchtfarbe Hellgrün bis gelbgrün, gleichmäßig einfarbig.
Fruchtform Kugelrund, vom Aussehen eher an einen Apfel erinnernd.
Geschmack Knackig, sehr saftig, süßes, typisches Birnenaroma mit leichtem Champagnerton.
Wissenswertes Die Nashi stammt ursprünglich aus Asien und wird deswegen auch Chinesische Birne genannt. Nashibäume bleiben eher klein (3 bis 4 Meter je nach Standort) und sind sehr unempfindlich und absolut frosthart. Sie werden kaum von Birnengitterrost befallen. Die Erträge sind oft so hoch, dass sich eine Fruchtausdünnung empfiehlt. Die dünne Schale ist sehr druckempfindlich, daher sind sie nur selten im Handel zu finden.

LECKER & SAFTIG
Steinobst

Süßkirsche 'Garden Bing'
Prunus avium

Reifezeit Mitte bis Ende Juli.
Fruchtfarbe Leuchtend hell- bis mittelrot.
Fruchtform Herzförmig, mit deutlich sichtbarem „Mittelscheitel".
Geschmack Süß, aromatisch, saftig.
Wissenswertes Die schmal und kompakt wachsende Zwergkirsche wächst langsam und ist auch für die Kübelkultur geeignet. Schnittmaßnahmen sind kaum erforderlich, eine säulenförmige Erziehung durch Kappen der Seitenäste ist möglich. Sie ist selbstfruchtbar, weitere Sorten in der Nähe erhöhen aber den Ertrag.

Süßkirsche 'Stella Compact'
Prunus avium

Reifezeit Mitte Juli bis Anfang August.
Fruchtfarbe Dunkelrot bis schwarzrot.
Fruchtform Herzförmige, recht große Früchte.
Geschmack Saftig und süß, mit festem Fruchtfleisch und platzfester Schale.
Wissenswertes Sie ist eine aus englischer Züchtung stammende, schwachwüchsige Kirsche, die sich durch einen gut verzweigten, gleichmäßigen Habitus auszeichnet. Die Sorte ist selbstfruchtbar, bringt mit einer zweiten Sorte in der Nähe aber noch höhere Erträge. Auch für die Kübelkultur geeignet.

Kirschen, Pfirsiche, Pflaumen – so schmeckt der Sommer, und zwar von Juni bis September. Falls von der Ernte wider Erwarten etwas übrig bleibt, lohnt sich die Zubereitung von Marmelade.

Mirabelle 'Aprimira'

Prunus domestica subsp. *syriaca*

Reifezeit Angang bis Ende August, lange Erntezeit.
Fruchtfarbe Gelb, sonnenseits rosa bis rot überhaucht, die ganzen Früchte sind bereift.
Fruchtform Länglich-oval, pflaumenförmig.
Geschmack Würzig aromatisch mit ausgeprägtem Aprikosenaroma.
Wissenswertes Arthybride aus der 'Mirabelle von Herrenhausen' und einem unbekannten Elternteil. Die Sorte ist hochtolerant gegen Scharka und Monilia. Wegen der frühen Blütezeit wird ein geschützter Standort empfohlen.

Zwetschge 'Jojo'

Prunus domestica subsp. *domestica*

Reifezeit Anfang bis Ende September.
Fruchtfarbe Dunkelblau mit heller Bereifung.
Fruchtform Mittelgroß bis groß, rundlich-oval, an kurzen Fruchtstielen sitzend.
Geschmack Süß-säuerlich, fest und trotzdem saftig, Steinlösefähigkeit nicht optimal. Für optimalen Geschmack nur vollreif ernten.
Wissenswertes Erste scharkatolerante Züchtung und eine der besten Sorten für den Hausgarten. Eher schwacher Wuchs mit gleichmäßigem Kronenaufbau. Selbstfruchtbar, weitere Sorten in der Nähe erhöhen aber den Ertrag.

Zwergaprikose 'Aprigold'

Prunus armeniaca

Reifezeit Mitte bis Ende Juli.
Fruchtfarbe Goldgelbe Früchte mit orangefarbener Wange auf der Sonnenseite.
Fruchtform Relativ groß, vor allem im Verhältnis zur kompakten Wuchsform. Typische Aprikosenform.
Geschmack Ausgeprägtes Aprikosenaroma, süß und aromatisch, dabei festes Fruchtfleisch.
Wissenswertes 'Aprigold' ist eine zwergig wachsende Sorte, die sich als Solitärbäumchen im kleinen Garten, auf der Terrasse, dem Balkon und im Pflanzenkübel eignet. Sie wächst langsam und nicht höher als etwa 1,5 Meter. Durch ihre Selbstfruchtbarkeit kann sie einzeln gepflanzt werden und ermöglicht dadurch Fruchtgenuss auf kleinstem Raum. Von hohem Zierwert sind auch die zahlreichen hellrosa Blüten.

Aprikosenkirsche 'Aprikyra'

Prunus-Hybride

Reifezeit Mitte bis Ende Juli.
Fruchtfarbe Rosarot bis lilarot, sonnenseits dunkler.
Fruchtform Rundliche Früchte, die Fruchtgröße liegt zwischen Kirsche und Aprikose.
Geschmack 'Aprikyra' ist eine interspezifische Kreuzung aus Kirsche mit Aprikose und erhält daraus ihr besonderes Aroma.
Wissenswertes Die Sorte ist selbstfruchtbar, gut angepasst an unser Klima und sehr frosthart. Sie ist moniliafest und sollte zur Erzielung einer guten Fruchtqualität im Mai ausgedünnt werden. Die Früchte reifen am ein- und zweijährigen Holz, was für eine gleichmäßig hohe Ernte sorgt. Als Stämmchen mit vielen, eher dünnen Trieben lässt sie sich gut in eine Naschhecke integrieren oder als Solitär pflanzen.

Pfirsich 'Amber'

Prunus persica

Reifezeit Mitte bis Ende Juli.
Fruchtfarbe Leuchtend gelb mit hellroter Wange auf der Sonnenseite. Samtige Oberfläche.
Fruchtform Rundlich, typische Pfirsichform.
Geschmack Saftig, aromatisch, süß.
Wissenswertes Naschobst zur Einzelpflanzung im Topf oder Freiland, besonders gut geeignet für kleine Gärten, Terrasse und Balkon. Attraktives, pflegeleichtes Bäumchen, das erst nach vielen Jahren eine Höhe von 1,5 Metern erreicht. Das erleichtert das Ernten der reifenden Früchte vor allem für Kinder sehr. Schnittmaßnahmen sind kaum erforderlich, empfehlenswert ist eine Ausdünnung der sich entwickelnden Früchte. Im Frühjahr überrascht die Sorte mit einer Vielzahl an rosafarbenen Blüten.

Nektarine 'Alicecol'

Prunus persica

Reifezeit Anfang bis Mitte August.
Fruchtfarbe Gelbrote Früchte mit glatter, glänzender Schale.
Fruchtform Mittelgroß, rundlich mit der typischen Einbuchtung längsseitig.
Geschmack Süß, saftig, gutes Nektarinenaroma, der Stein löst sich gut vom gelben Fruchtfleisch.
Wissenswertes 'Alicecol' wurde in Norditalien gezüchtet, ist aber auch bei uns winterhart. Sie ist die erste Nektarine mit natürlichem Säulenwuchs. Mit ihrem schmalen, aufrechten Habitus findet sie auf kleinstem Raum Platz und ihre Blüten und Früchte bringen südländisches Flair auf Balkon und Terrasse. Die Sorte ist selbstfruchtbar, eine zweite Sorte in der Nähe erhöht aber den Ertrag. Attraktive rote Herbstfärbung der Blätter.

SCHMAL GEWACHSEN

Säulenobst

Das Besondere am Säulenobst sind die extrem kurzen Seitentriebe. Hier die Apfelsorte 'Top Red'.

GANZ OBEN AUF DER HITLISTE beim Obst steht der Apfel. Wer kennt nicht den Satz „One apple a day keeps the doctor away"? So übertrieben ist dieser Spruch gar nicht, denn ein Apfel hat aus ernährungsphysiologischer Sicht die ideale Zusammensetzung an Vitaminen, Mineralstoffen und Spurenelementen.

Bei den säulenförmig wachsenden Sorten werden nur sehr verkürzte Seitentriebe ausgebildet, daher sieht es dann beinahe so aus, als wüchsen die Früchte direkt am Stamm. Säulenobst ist ideal für die Kultivierung im Kübel.

'Arbat'

Die Sorte ist eine wertvolle Neuzüchtung aus Russland, die besonders robust und zudem schorfresistent ist. Ihre Früchte reifen ab Anfang September, sie schmecken am besten frisch direkt vom Baum und sind nur eine begrenzte Zeit lagerfähig. Die gelborangen Äpfel haben einen sehr aromatischen, eher süßen Geschmack und festes, aber saftiges Fruchtfleisch.

'Berbat'

Ein besonders robuster Säulenapfel ist diese in Frankreich gezüchtete Sorte. Die Früchte sind sehr groß, schmecken besonders süß ohne säuerlichen Unterton. Das Fruchtfleisch ist locker.
Ab Mitte September können Sie ernten; die Äpfel lassen sich sofort verzehren, aber auch bis Mitte November lagern.

Eine besonders reich fruchtende Sorte unter den Säulenäpfeln ist 'Summertime', die ab September reift.

'Pomfital' ist eine besondere Sorte: Sowohl ihr Fruchtfleisch als auch die Blüten sind rot!

'Sonate'

Eine Sorte mit sehr guter Schorfresistenz ist 'Sonate'. Die Früchte sind ab September reif und können dann auch sofort gegessen werden, lassen sich aber auch bis Dezember lagern. Vom Geschmack her sehr ausgewogen, sind die Äpfel besonders saftig und das Fruchtfleisch mittelfest und feinzellig. Die Schale ist grünlich gelb mit einem leicht verwaschenen Rotton auf der Sonnenseite.

'Lancelot'

Die beliebteste Sorte hierzulande ist ja immer noch 'Elstar', eine Sorte, die recht pflegeintensiv ist und sich absolut nicht für den Hausgarten eignet. Vom Geschmack her fast identisch ist die neue, säulenförmig wachsende Sorte 'Lancelot', die sehr robust ist. Die Sorte blüht erst recht spät im Frühjahr und ist dadurch kaum spätfrostgefährdet. Die grüngelben, rot geflammten Äpfel sind mittelgroß und fast rund, reifen ab Mitte September und lassen sich bis ins folgende Jahr hinein lagern.

'Merlin'

Ein extrem kompakter, streng säulenförmiger Wuchs zeichnet 'Merlin' aus. Zusammen mit einer hohen Toleranz gegen Schorf, Mehltau, Feuerbrand und Krebs macht ihn das zu einer idealen Sorte für die Balkonbepflanzung. Die Äpfel reifen ab Mitte September, sie schmecken am besten ab Oktober. Die Früchte sind mittelgroß und länglich-kugelig, gelblich grün mit einer ausgeprägten roten Deckfarbe. Das Aroma ist angenehm süß-säuerlich.

WEITERE SÄULENOBSTSORTEN Säulenobst ist abwechslungsreich, platzsparend und ein echter Hingucker. Vier Sorten im Porträt hier oder unter www.m.kosmos.de/15065/tb10

KLASSISCH & NEU *Beerenobst*

Rote Johannisbeere 'Rolan'

Ribes rumbrum

Reifezeit Mitte Juli bis Anfang August.
Fruchtfarbe Kräftiges Rot.
Fruchtform Große, runde und feste Beeren in langen Trauben, die recht gleichmäßig reifen und sich gut pflücken lassen.
Geschmack Säuerlich mit intensivem Aroma.
Wissenswertes Eine robuste Liebhabersorte mit sehr hohen Erträgen, die als Strauch und Stamm angeboten wird. Sie entwickelt einen starken, aufrechten Wuchs. Johannisbeeren gedeihen auch im Halbschatten, in der Sonne sind die Erträge aber besser.

Schwarze Johannisbeere 'Ometa'

Ribes nigrum

Reifezeit Mitte Juni.
Fruchtfarbe Schwarz glänzend.
Fruchtform Mittelgroße, runde Beeren in kompakten Trauben. Sie reifen gleichmäßig.
Geschmack Sehr aromatischer, milder Geschmack.
Wissenswertes Geschmacklich eine der besten Schwarzen Johannisbeeren; der Ertrag bleibt im Vergleich zu anderen Sorten etwas zurück. Selbstfruchtbar, die Pflanzung von mehreren Sorten erhöht jedoch den Ertrag.

Ob Himbeertorte oder „Träubleskuchen", Weingelee oder Blaubeermuffins: Beerenobst ist nicht nur als leckere Naschfrucht vom Strauch, sondern auch in der Küche verarbeitet ein Hochgenuss.

Tafeltraube 'Muscat Bleu'

Vitis vinifera

Reifezeit Ende August bis Anfang September.
Fruchtfarbe Dunkelblau, teilweise bereift.
Fruchtform Sehr große, ovale Beeren in dichten Trauben.
Geschmack Saftig und süß, mit angenehm würzigem Muskataroma.
Wissenswertes Die Sorte besitzt eine Resistenz gegen echten und falschen Mehltau, gute Holzreife und Frosthärte. Sie ist sehr ertragreich und, durch den angenehmen Muskatton und das ausgeglichene Säure-Frucht-Verhältnis, sehr gut für die Herstellung von Traubensaft geeignet.

Tafeltraube 'Bianca'

Vitis vinifera

Reifezeit Ende August bis Mitte September.
Fruchtfarbe Grünlich gelbe Trauben, bei Vollreife rosa überhaucht.
Fruchtform Große, runde Beeren in langen, lockeren Trauben.
Geschmack Ausgezeichnet, auffallend frisch trotz des hohen Zuckergehaltes.
Wissenswertes Eine ungarische Neuzüchtung mit hoher Pilzfestigkeit und guter Frosthärte. Sie ist eine sehr unkomplizierte Sorte für den Anbau im Hausgarten. Durch ihr starkes Wachstum ist sie auch für die Berankung von Lauben geeignet.

Stachelbeere 'Hinnonmäki rot'

Ribes uva-crispa

Reifezeit Mitte Juli.
Fruchtfarbe Dunkelrot, glänzend.
Fruchtform Längliche, mittelgroße Beeren, dicht an den Fruchtästen aufgereiht.
Geschmack Aromatisch, süß und saftig.
Wissenswertes 'Hinnonmäki rot' ist eine robuste, mehltauresistente, mittelstark wachsende Stachelbeere, die sich ideal für den Hausgarten eignet. Ihre wenig behaarten Früchte sind platzfest. Selbstfruchtbar, aber weitere Sorten erhöhen den Ertrag. Alle Sorten der 'Hinnonmäki'- Serie stammen aus Finnland. Neben der roten gibt es auch eine gelbe und eine grüne Sorte. Alle zeichnen sich durch besondere Gesundheit und vor allem Mehltauresistenz aus und werden von Fachleuten ausdrücklich empfohlen.

Stachelbeere 'Reverta'

Ribes uva-crispa

Reifezeit Mitte Juni.
Fruchtfarbe Hellgrün, bei Vollreife leuchtend gelb.
Fruchtform Große, kugelige Früchte, dicht an den Fruchtästen aufgereiht.
Geschmack Süß, mit wenig Säure.
Wissenswertes 'Reverta' zeichnet sich durch eine sehr geringe Anfälligkeit für Mehltau aus, das Laub ist äußerst kräftig und gesund. Nachteil der Sorte ist die starke Bestachelung, die das Pflücken schwierig macht. Die Sorte ist sehr reichtragend. In besonders guten Jahren sollte ein Teil der Beeren vorzeitig gepflückt werden, damit sich die übrigen besser entwickeln können. Zum Frischverzehr sind sie zwar noch recht sauer, können jedoch bereits zu leckerem Kompott oder Fruchtsaucen verarbeitet werden.

Jostabeere

Ribes x nidigrolaria

Reifezeit Mitte Juni bis Anfang Juli.
Fruchtfarbe Schwarz glänzend.
Fruchtform Rundliche, schwarze Beeren in kleinen Rispen.
Geschmack Aromatisch, süß mit relativ wenig Säure, leichtes Cassisaroma.
Wissenswertes Die Jostabeere, auch Josta oder Jochelbeere genannt, ist eine erst in den siebziger Jahren entstandene Kreuzung aus Schwarzer Johannisbeere, Stachelbeere und der Wildart *Ribes divaricatum*. Jostabeeren schmecken frisch vom Strauch, können aber auch zu Gelee, Konfitüren, Marmeladen und Säften verarbeitet werden. Sie sind resistent gegen den Amerikanischen Stachelbeermehltau und die Blattfallkrankheit. Nachteilig ist, dass die Früchte recht fest am Strauch sitzen und sich nicht ganz einfach pflücken lassen.

Kultur Heidelbeere

Vaccinium-Hybriden

Reifezeit Anfang bis Ende August.
Fruchtfarbe Violettblau mit hellerer Bereifung.
Fruchtform Kugelige Beeren in kleinen, dichten Trauben.
Geschmack Vollreif aromatisch und süß, unreif sauer und adstringierend.
Wissenswertes Kultur-Heidelbeeren wurden aus verschiedenen amerikanischen Wildarten gezüchtet, nicht aus der heimischen Art, die bei uns in den Wäldern zu finden ist. Sie stellen einige Ansprüche an den Boden. Damit sie gut gedeihen, muss der Boden kalkfrei und durchlässig, aber auch ausreichend feucht sein. Der pH-Wert sollte bei 3,5 bis 4,5 liegen. Daher bietet sich die Kultivierung im Kübel in Spezialsubstrat an. Die rote Herbstfärbung der Blätter ist sehr dekorativ.

Himbeere 'Autumn Bliss'

Rubus idaeus

Reifezeit Anfang August bis Anfang Oktober.
Fruchtfarbe Rosarot.
Fruchtform Kegelförmige Sammelfrüchte mit noppenartiger Oberfläche.
Geschmack Süß, fein aromatisch, vollreif auf der Zunge zergehend.
Wissenswertes 'Autumn Bliss' gehört zu den sogenannten Herbsthimbeeren, die am einjährigen Holz tragen. Dadurch können die abgeernteten Ruten im Spätherbst bis zum Boden zurückgeschnitten werden. Sie bevorzugt einen sonnigen Standort und wächst bis 150 Zentimeter hoch. Die Sorte ist resistent gegen die Rutenkrankheit. Die Früchte der Herbsthimbeeren werden auch nicht von Maden befallen. Die Himbeeren lassen sich leicht vom Zapfen lösen, haben ein ausgezeichnetes Aroma und sind gut haltbar.

Brombeere 'Navaho'

Rubus fruticosus

Reifezeit Mitte Juli bis Ende September.
Fruchtfarbe Tiefschwarz, glänzend.
Fruchtform Runde bis kegelförmige Sammelfrüchte mit noppenartiger Oberfläche.
Geschmack Sehr süß und aromatisch, wenn sie vollreif gepflückt werden (müssen sich leicht vom Fruchtboden lösen).
Wissenswertes 'Navaho' ist eine säulenförmig wachsende Sorte, die nur wenig Platz benötigt. Daher eignet sie sich auch für den Kübel. Vorteilhaft ist, dass sie keine Dornen besitzt. Nach der Ernte werden die Fruchtzweige bis zum Boden zurückgeschnitten. Die Sorte wird etwa 180 Zentimeter hoch und bevorzugt einen sonnigen Standort in lockerem, humosem Boden. Der Pflanzabstand zu anderen Pflanzen sollte 100 bis 150 Zentimeter betragen.

Erdbeere 'Hummi-Meraldo'

Fragaria x *ananassa*

Reifezeit Juni, dann nach einer Pause durchgehend bis Oktober.
Fruchtfarbe Dunkelrot, glänzend.
Fruchtform Sehr große, rundlich-kegelförmige Früchte.
Geschmack Sehr süß und aromatisch, saftig.
Wissenswertes Diese Sorte ist besonders reich und immer tragend und daher perfekt als Naschobst geeignet. 'Meraldo' hat einen kompakten Wuchs und lässt sich deshalb auch ideal für Balkonkästen und Gefäße verwenden. Die Früchte der Sorte sind gut kelchlösend. Die Pflanzen sind äußerst widerstandsfähig gegen Spätfröste und Hitzeperioden. Sie gedeiht an einem sonnigen bis halbschattigen Standort mit humosem Boden. Der Pflanzabstand zwischen den Erdbeerpflanzen sollte 25 Zentimeter betragen.

Erdbeere 'Mieze Nova'

Fragaria x *ananassa*

Reifezeit Juni, nach einer Blühpause Juli bis September.
Fruchtfarbe Dunkelrot, glänzend.
Fruchtform Große, rundliche Früchte, die stark glänzen. Der Kelch mit den Kelchblättern lässt sich leicht entfernen.
Geschmack Sehr aromatisch, fast so gut wie bei der legendären Muttersorte 'Mieze Schindler'.
Wissenswertes Die Sorte ist im Gegensatz zu ihrer Muttersorte 'Mieze Schindler' selbstfruchtbar und benötigt keine Bestäubersorte. Sie kann zum Beispiel auch ohne andere Erdbeersorten im Garten oder auch im Balkonkasten kultiviert werden. Ihre Früchte sind relativ druckfest. Die Haupternte ist im Juni, es bilden sich danach aber in geringerem Umfang immer wieder Blüten bis in den Herbst.

WELLNESS-FRÜCHTCHEN

Gesundes Wildobst

DIE HEIMISCHE FLORA HÄLT zahlreiche Bäume und Sträucher bereit, deren Früchte nicht nur Nahrungsquelle für Vögel und Kleinsäuger, sondern auch für den Menschen sehr wertvoll sind. Einige von ihnen strotzen geradezu vor Vitaminen, andere sind einfach nur lecker, wenn man sie richtig zu verarbeiten weiß. Manche von ihnen entwickeln sich erst nach dem Kochen oder Brennen zu wahren Köstlichkeiten.

Sanddorn

Hippophae rhamnoides

Man kennt ihn auch als „Zitrone des Nordens", weil er so viel Vitamin C in sich hat. An der Ostsee hat das Ernten und Verarbeiten lange Tradition, dort wachsen die Pflanzen auch in großen Mengen wild auf den sandigen Böden. Roh schmecken die Früchte nicht besonders gut, aber in der Marmelade, gerne auch gemischt mit anderen Früchten, offenbaren sie ihr Aroma. Auch Öl wird sowohl aus dem Fruchtfleisch als auch aus den Kernen gewonnen. Damit kann man Cremes anrühren, die besonders bei trockener Haut wirken. Vor allem eignen sie sich für die Herstellung von Saft, Gelee und Marmelade mit besonderen Aromen.

Weibliche Pflanzen des Sanddorns tragen nur dann Beeren, wenn eine männliche in der Nähe ist.

Felsenbirne

Amelanchier ovalis

Felsenbirnen kommen sowohl in Europa als auch in Nordamerika vor. Sie alle zeichnen sich durch attraktive weiße Blüten vor dem Laubaustrieb, eine wunderschöne rote Herbstfärbung und zahlreiche blaurote Beeren aus. Die Beeren werden von Vögeln geliebt, und die meisten Gartenbesitzer wissen nicht, dass sie auch Menschen schmecken können.

Vögel lieben die blauen Beeren der Schlehe, uns Menschen schmecken sie in verarbeiteter Form.

Von der Kornelkirsche sind zahlreiche großfrüchtige, süß schmeckende Sorten gezüchtet worden.

Schlehe

Prunus spinosa

Der Name „spinosa" sagt es schon: Der bis zu drei Meter hohe heimische Strauch hat gewaltige Dornen und ist mit Vorsicht zu behandeln. Mit seinen zarten, weißen Blüten, die im Frühjahr in Hülle und Fülle erscheinen, ist er aber landschaftsprägend. Im Herbst erscheinen dann Unmengen von kleinen, blauen Beeren, die vor dem ersten Frost ungenießbar sind, danach aber recht süß schmecken. Für früh im Jahr fliegende Insekten ist die Schlehe eine wichtige Nektarquelle.

Gemeine Berberitze

Berberis vulgaris

Der heimische Strauch ist den meisten nur als pflegeleichtes Gehölz bekannt, das auch auf ärmsten Böden noch durchhält. Die länglichen, roten Beeren haben es aber auch in sich: Ihr Vitamin-C-Gehalt ist überdurchschnittlich hoch. Man kann sie trocknen und ins Müsli streuen, aber auch zu Saft verarbeiten. Ein Schuss davon gibt vielen Gelees erst den richtigen, erfrischenden Geschmack.
In Vorderasien, vor allem im Iran, wird seit hunderten von Jahren die gekochte Frucht der Berberitze traditionell zum süß-sauren Würzen von Reis, Fisch oder Braten verwendet.

Essbare Ölweide

Elaeagnus multiflora

Die Essbare Ölweide schmückt sich im Mai mit wunderbar duftenden, blassgelben Blütenbüscheln. Die ab Anfang Oktober reifenden roten Früchte sind essbar, sie haben einen angenehm herb-sauren Geschmack und sind dabei saftig. Gerade entdecken die Züchter dieses in Ostasien heimische Gehölz und haben eine besonders großfruchtige und auch eine gelbfruchtige Sorte ausgelesen.

Kornelkirsche

Cornus mas

Der heimische Strauch gehört zu den allerersten, die im Vorfrühling blühen. Die zartgelben Blüten erscheinen lange vor dem Laubaustrieb und sind eine wichtige Nahrungsquelle für Bienen. Die im Herbst reifenden Früchte besitzen einen sehr hohen Vitamin-C-Gehalt und können zu Marmeladen, Gelee oder Säfte verarbeitet werden. Vollreif kann man sie auch roh genießen.

REZEPTE MIT BEEREN Sie haben Appetit auf Köstliches aus Obst und Beeren? Rezepte finden Sie hier oder unter www.m.kosmos.de/15065/tb11

Schwarzer Holunder

Sambucus nigra

Reifezeit September bis Oktober.
Fruchtfarbe Schwarze, glänzende Beeren.
Fruchtform Kleine, kugelige Beeren, zahlreich in flachen Doldenrispen zusammenstehend.
Geschmack Herb und adstringierend, mit ausgeprägtem, typischen Aroma.
Wissenswertes Heimischer Strauch, der bis zu 10 Meter hoch werden kann. Vielseitige Verwendung vom Vogelnähr- und Knickgehölz bis zur Wildfruchthecke und auch als Zierstrauchsolitär. Holunder bevorzugt einen sonnigen bis halbschattigen Standort und einen guten, nahrhaften Boden für optimales Wachstum.
Die Beeren eignen sich am besten für die Weiterverarbeitung, eher nicht für den Frischverzehr. Wird durch Vögel auch in den Gärten stark verbreitet.

Apfelbeere, Aronie

Aronia melanocarpa

Reifezeit Ende August bis Anfang September.
Fruchtfarbe Tiefschwarz, glänzend.
Fruchtform Relativ große, flachkugelige Beeren in flachen Dolden.
Geschmack Intensiv schmeckend. Süßsauer, nur vollreif ernten.
Wissenswertes In Amerika beheimateter, anspruchsloser und sehr frostharter Strauch, der bis 1,5 Meter hoch wächst. Seine ledrigen Blätter färben sich im Herbst leuchtend rot. Die Früchte eignen sich vor allem für die Verarbeitung in der Küche, zum Beispiel zu Marmeladen. Sie haben einen hohen Anthocyangehalt und sind dadurch ein guter Farbstofflieferant für die Lebensmittelindustrie. Es sind mehrere großfruchtige Auslesen auf dem Markt, die vor allem in Osteuropa und Skandinavien angebaut werden.

Schwarze Maulbeere

Morus nigra

Reifezeit Juli bis August.
Fruchtfarbe Dunkelrot, bei Vollreife tiefschwarz.
Fruchtform Walzenförmige bis kegelförmige Scheinbeeren, die einzeln an kurzen Stielen sitzen.
Geschmack Süß-säuerlich, mit einem feinen Aroma. Die Beeren haben einen angenehmen Duft und sind dabei sehr saftig und weich.
Wissenswertes Die Chinesen pflanzten Maulbeeren schon vor Jahrtausenden an, um darauf Seidenraupen zu kultivieren, die sich von den Blättern ernähren. Die Pflanzen wachsen bei uns bis zu einer Höhe von 10 Metern heran. Die Früchte sind nicht lange lagerfähig und können sehr gut zu Saft und Marmelade verarbeitet werden. Die Früchte enthalten viel Eisen und werden daher auch in der Medizin verwendet.

Mispel

Mespilus germanica

Reifezeit Oktober bis November.
Fruchtfarbe Grünbraun bis hellbraun, mit rauer Oberfläche.
Fruchtform Kugelförmig, etwa fünf Zentimeter im Durchmesser, mit ausgeprägtem Kelchansatz.
Geschmack Roh ungenießbar und hart, nach Frosteinwirkung teigig.
Wissenswertes Die Früchte können zu Marmelade, Mus oder Obstwein verarbeitet werden. Wegen des hohen Pektingehaltes gelingen Gelees besonders gut. Gekocht entfaltet sich erst der gute Geschmack der Beeren. Die Blüten der Mispel sind übrigens wertvolle Bienenweiden. Ursprünglich beheimatet in Vorderasien und Südosteuropa, wird sie in Mitteleuropa seit dem Altertum angebaut und ist dort gebietsweise verwildert. Für gemischte Blütenhecken.

Gojibeere

Lycium barbarum

Reifezeit August bis Oktober.
Fruchtfarbe Leuchtend orangerot, glänzend.
Fruchtform Längliche, kleine Beeren, die dicht aufgereiht an den Fruchtzweigen sitzen.
Geschmack Süß mit leicht bitterer Note, am besten sind großfrüchtige Auslesen.
Wissenswertes Goji ist im Nordwesten Chinas beheimatet. Die Sträucher werden in großen Plantagen angebaut, da die Chinesen bereits seit 3000 Jahren das Potential der gesunden Beeren kennen. Mittlerweile ist die Gojibeere über Asien bis nach Europa verbreitet und bei uns eingebürgert und wildwachsend. Der Name *Lycium* leitet sich vom griechischen Wort für 'Wolf' oder 'Wolfszahn' ab. Die Früchte werden im Handel auch getrocknet angeboten. Geeignet für Säfte und Marmelade.

Maibeere

Lonicera caerulea var. *kamtschatika*

Reifezeit Mitte Mai bis Mitte Juni.
Fruchtfarbe Blau bis violettblau, Oberfläche bereift.
Fruchtform Walzenförmige, kleine Beeren an kurzen Stielen, zu mehreren an den Blattachseln sitzend.
Geschmack Süß, das Aroma erinnert ein wenig an Heidelbeeren.
Wissenswertes Robuster Strauch, der aus dem nördlichen Russland stammt. Die Beeren reifen bereits ungewöhnlich früh und bereichern das Sortiment. Für die Herstellung von Saft und Marmelade gut geeignet. Bemerkenswert ist die frühe Blütezeit bereits ab Ende März, dabei trotzen die Blüten auch einigen Minusgraden. Wächst an sonnigen und halbschattigen Standorten und ist absolut frosthart. Zahlreiche Fruchtsorten sind auf dem Markt.

Feige

Ficus carica

Reifezeit Ende Juli bis Ende August.
Fruchtfarbe Grün bis braun, häufig geflammt. Es gibt auch Sorten mit violetten Früchten.
Fruchtform Große, birnenförmige Früchte mit kurzen Stielen, einzeln an den Zweigen sitzend.
Geschmack Sehr süß, mild, mit weicher, teigiger Konsistenz.
Wissenswertes Die Feige gehört zu den ältesten Kulturpflanzen der Welt. Als Herkunft nimmt man heute Vorderasien an, von wo aus sie viele Jahrhunderte vor Christus in die Mittelmeerländer gekommen sein soll. Heute ist sie im Mittelmeerraum weit verbreitet. Für unser Klima wurden inzwischen etliche winterharte Sorten ausgelesen, die mit etwas Schutz im Garten überwintern können. Am besten vor eine warme Mauer pflanzen.

Andenbeere

Physalis peruviana

Reifezeit Ende August bis Ende Oktober.
Fruchtfarbe Leuchtend orange.
Fruchtform Kleine, runde Frucht, die an Cocktailtomaten erinnert. Umhüllt von einer bei Reife papierartigen, braunen Hülle.
Geschmack Süß-säuerlich, aromatisch.
Wissenswertes Die Pflanze ist zwar mehrjährig, aber nicht winterhart. Entweder sät man jedes Jahr neu aus, oder man kultiviert sie im Kübel und überwintert sie frostfrei. Andenbeeren benötigen einen sonnigen, warmen und geschützten Platz; der Anbau ist vergleichbar mit dem von Tomaten. Jungpflanzen werden durch Aussaat herangezogen und nach den Eisheiligen in den Garten gepflanzt. Die Pflanzen erreichen eine Höhe von einem Meter und benötigen eine Stütze.

Nützliche Adressen

Vereine und Verbände

Deutsche Gartenbau-Gesellschaft 1822 e.V.
Sandra von Rekowski
Claire-Waldoff-Str. 7
10117 Berlin
Tel.: (0 30) 28 09 34 25
E-Mail: info@dgg1822.de
www.dgg1822.de

Bundesverband Deutscher Gartenfreunde e.V.
Platanenallee 37
14050 Berlin
Tel.: (0 30) 30 20 71 40
E-Mail: bdg@kleingarten-bund.de
www.kleingarten-bund.de

Landesverband für Obstbau, Garten und Landschaft Baden-Württemberg e.V. (LOGL)
Klopstockstr. 6
70193 Stuttgart
Tel.: (07 11) 63 29 01
E-Mail: info@logl-bw.de
www.logl-bw.de

Österreich
Bundesobstbauverband Österreichs (BOV)
Johann Greimel
Schauflergasse 6
1014 Wien
Tel.: + 43 (0) 15 34 41-85 52
E-Mail: j.greimel@lk-oe.at
www.lk-oe.at

Amtliche Pflanzenschutzberatung

Die Pflanzenschutzdienste beraten in allen Fragen des Pflanzenschutzes und der Pflanzenschutztechnik. Weitere Adressen unter: www.pflanzenschutzdienst.de

Hamburg
Pflanzenschutzamt Hamburg
Ohnhorststr. 18
22609 Hamburg
Tel.: (0 40) 42 84 15 22 0
E-Mail: pflanzenschutz@iangbot.uni-hamburg.de
www.pflanzenschutz.hamburg.de

Baden-Württemberg
Landesanstalt für Pflanzenschutz
Reinsburgstr. 107
70197 Stuttgart
Tel.: (07 11) 66 42-400
E-Mail: poststelle.@ltz.bwl.de
www.landwirtschaft-mlr.baden-wuerttemberg.de

Bäume und Sträucher

Bioland Baumschule & Obstgarten
Dr. Ute Hoffmann
Uepser Heide 1
27330 Asendorf
Tel.: (0 42 53) 80 06 22
E-Mail: ute.hoffmann@hoffmann-obstbaumschule.de
www.hoffmann-obstbaumschule.de

Pur Natur – Die Gartenschule
Cellerstr. 138
29525 Uelzen
Tel.: (05 81) 29 10
E-Mail: info@purnatur-gartenschule.de
www.purnatur-gartenschule.de

Johannes Schmitt Obstbaumschule
Hauptstraße 10
91099 Poxdorf
Tel.: (0 91 33) 10 49
E-Mail: info@obstbaumschmitt.de
www.obstbaumschmitt.de

Wolf's Reben Rebschule
Jörg Wolf
Alter Dürkheimer Weg 7
67098 Bad Dürkheim
Tel.: (0 63 22) 6 32 37
E-Mail: mail@wolfs-reben.de
www.wolfs-reben.de

Erden, Dünger, Substrate

Floragard Vertriebs GmbH
Gerhard-Stalling-Straße 7
26135 Oldenburg
Tel.: (04 41) 20 92-0
E-Mail: info@floragard.de
www.floragard.de

COMPO
Gildenstraße 38
48157 Münster
Tel.: (0 92 51) 3 27 70
E-Mail: info@compo.de
www.compo-hobby.de

Nützliches zur Weiterverarbeitung

Gläser und Flaschen GmbH
Altonaer Str. 84-90
13581 Berlin
Tel.: (0 30) 33 77 88 33
E-Mail: info@glaeserundflaschen.de
www.glaeserundflaschen.de

Manufactum GmbH & Co. KG
Hiberniastraße 5
45731 Waltrop
Tel.: (23 09) 93 90 50
www.manufactum.de

Staatliche Bodenuntersuchungsinstitute

Landwirtschaftliche Untersuchungs- und Forschungsanstalten (LUFA)
Unter **www.vdlufa.de** erhalten Sie für jedes Bundesland Beratung zur Analyse Ihrer Bodenproben und können Ihre Gartenproben dort auch untersuchen lassen.

Die Autorin

Katharina Adams studierte Wirtschaftswissenschaften und kam über die Entwicklung von Datenbanken für Baumschulen zum ersten Mal intensiver mit der grünen Branche in Kontakt. Ein starkes Interesse an Pflanzen und allem, was mit dem Garten zu tun hat, bestand aber schon lange vorher. Inzwischen hat sie ihre Leidenschaft zum Beruf gemacht und arbeitet seit vielen Jahren als Journalistin und Autorin in diesem Bereich. Zudem ist sie aktives Mitglied in mehreren Pflanzengesellschaften.

Register

Die **hervorgehobenen** Seitenzahlen verweisen auf Abbildungen.

IMPRESSUM

Bildnachweis

Mit 108 Farbfotos von

Katharina Adams, Linnich: 77; Flora Press, Hamburg/Bildagentur Beck: 34; Flora Press/BIOSPHOTO/Gilles Le Scanff & Joëlle-Caroline Mayer: 64 re.; Flora Press/Botanical Images: 24 re.; Flora Press/Caroline Bureck: 55 re.; Flora Press/Christine Ann Föll: 17 o., 45 u., 70; Flora Press/Derek St. Romaine: 39 li.; Flora Press/Edition Phönix: 44; Flora Press/Flowerphotos/Edith Ulrich: 71 o. li.; Flora Press/FocusOnGarden/Borstell: 16, 22; Flora Press/gartenfoto.at: 40; Flora Press/Gary Rogers: 10; Flora Press/Gary Smith: 9 u.; Flora Press/GWI: 23 u., 28, 42, 43, 47 li., 52, 54 re., 57 li., 68 li., 76 li.; Flora Press/Hubert & Klein: 9 o.; Flora Press/John Glover: 11 re.; Flora Press/Liz Eddison: 12; Flora Press/MAP: 2, 4/5, 23 o., 60 li., 64 li., 69 li.; Flora Press/Martin Hughes-Jones: 69 re.; Flora Press/Nadja Buchczik: 11 li.; Flora Press/Nova Photo Graphik: 25, 35, 53 o. li., 53 u., 54 li., 56 li., 56 re., 59 li., 59 re., 62, 63, 63, 65 re., 68 re., 71 o. re., 72 li., 74 re., 75 re.; Flora Press/Otmar Diez: 6 re.; 37 Mi.; Flora Press/Practical Pictures: 17 u.; Flora Press/Redeleit&Junker/L.Redeleit: 8, 39 re.; Flora Press/Redeleit&Junker/P.Wegner: 38; Flora Press/Royal Horticultural Society: 57 re.; Flora Press/Thomas Lohrer: 46, 47 re.; Flora Press/Tomek Ciesielski: 36; Flora Press/Ursula Pechloff: 32; Flora Press/Visions: 15 li., 15 re., 58 li., 66 (beide).; Flora Press: 45 o.; GAP Photos, Essex/Carole Drake (courtesy The Hon John Rous. Location: The Clovelly Estate): 61 li.; GAP Photos/Claire Higgins: 3, 20/21, 6 li.; 58 re., 60 re., 73 re., 74 li.; GAP Photos/Fiona Lea: 72 re.; GAP Photos/Howard Rice: 67 re., 73 li., 75 li.; GAP Photos/Mark Winwood: 26 re.; GAP Photos/Rice/Buckland: 26 li.; GAP Photos: 14, 30; Rebschule H. Schmidt, Obernbreit: 65 li.; shutterstock.com/Cvandyke: 61 re.; shutterstock.com/exopixel: 37 o.; shutterstock/AlenaKogotkova: 48 re.; shutterstock/Anna Moskvina: 3, 50/51; shutterstock/Dmitri Beloconi: 52 re.; shutterstock/Dusan Petkovic: 7 o.; shutterstock/FabrikaSimf: 7 u.; shutterstock/Guzel Garipova: 24 li.; shutterstock/Hemerocallis: 37 u.; shutterstock/ksena2you: 53 Mi. re.; shutterstock/merc67: 48 Mi. li. & u. re.; 49 (beide); shutterstock/Neirfy: (Umschlaginnenseite); shutterstock/sanddebeautheil: 41; shutterstock/serato: 27; Wikimedia Commons/Markus Hagenlocher: 55 li.

Mit 16 Illustration von Flora Press/Practical Pictures: 13 (alle vier), 29 (alle vier), 31 (alle vier), 33 (alle vier) und 1 Illustration von Claudia Schick, Neumarkt: 18/19.

Impressum

Umschlaggestaltung von Gramisci Editorialdesign, München unter Verwendung eines Farbfotos von shutterstock/Moises Fernandez Acosta (Umschlagvorderseite) und eines Farbfotos von shutterstock/minicase (Umschlagrückseite).

Mit 108 Farbfotos und 17 Illustrationen.

Alle Angaben in diesem Buch sind sorgfältig geprüft und geben den neuesten Wissensstand bei der Veröffentlichung wieder. Da sich das Wissen aber laufend in rascher Folge weiterentwickelt und vergrößert, muss jeder Anwender prüfen, ob die Angaben nicht durch neuere Erkenntnisse überholt sind. Dazu muss er zum Beispiel Beipackzettel zu Dünge-, Pflanzenschutz- bzw. Pflanzenpflegemitteln lesen und genau befolgen sowie Gebrauchsanweisungen und Gesetze beachten. Die Blütenfarben sind sortenabhängig, daher können auch Farben auf dem Markt sein, die im Buch nicht genannt werden. Die Blütezeiten sind ebenfalls sortenabhängig, aber auch klima- und standortabhängig. Die angegebenen Wuchshöhen und -breiten der Pflanzen sind Mittelwerte. Sie können je nach Nährstoffgehalt des Bodens variieren. Verschiedene Sorten können deutlich größer oder auch kleiner wachsen als die Art.

Es wird empfohlen, für die Online-Zusatzangebote WLAN zu verwenden. Das mobile Surfen ohne WLAN kann dazu führen, dass zusätzliche Kosten für die Datennutzung bei Ihrem Mobilfunkanbieter entstehen.

Unser gesamtes lieferbares Programm finden Sie unter **kosmos.de**.
Über Neuigkeiten informieren Sie regelmäßig unsere
Newsletter, einfach anmelden unter **kosmos.de/newsletter**.

Gedruckt auf chlorfrei gebleichtem Papier

ISBN 978-3-440-15065-8
Projektleitung: Katrin Friedrichs
Redaktion und Bildredaktion: Katrin Friedrichs
Gestaltungskonzept: Gramisci Editorialdesign, München
Gestaltung und Satz: DOPPELPUNKT, Stuttgart
Produktion: Angela List
Printed in Italy / Imprimé en Italie

FSC
www.fsc.org
MIX
Papier aus verantwortungsvollen Quellen
FSC® C023164